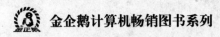

金企鹅计算机畅销图书系列

新世纪计算机教育名师课堂
中德著名教育机构精心打造

中文版 Windows XP
实例与操作

德国亚琛计算机教育中心

北京金企鹅文化发展中心

联合策划

主编　丁永卫

航空工业出版社

北京

内 容 提 要

　　Windows XP 是目前应用最广泛的操作系统之一，本书结合 Windows XP 的实际用途，按照系统、实用、易学、易用的原则详细介绍了 Windows XP 常用功能和操作电脑的方法，内容涵盖 Windows XP 基本操作、汉字输入、Windows XP 系统设置、管理文件与文件夹、使用 Windows XP 附带的小工具、安装和使用应用程序、用电脑进行娱乐、使用办公和数码设备、组建局域网和将电脑接入 Internet、浏览网页、网上工作和生活，以及重装和备份 Windows XP 等。

　　本书具有如下特点：（1）全书内容依据 Windows XP 的功能和实际用途来安排，并且严格控制每章的篇幅，从而方便教师讲解和学生学习；（2）大部分功能介绍都以"理论+实例+操作"的形式进行，并且所举实例简单、典型、实用，从而便于读者理解所学内容，并能活学活用；（3）将 Windows XP 的一些使用技巧很好地融入到了书中，从而使本书获得增值；（4）各章都给出了一些精彩的综合实例，便于读者巩固所学知识，并能在实践中应用。

　　本书可作为中、高等职业技术院校，以及各类计算机教育培训机构的专用教材，也可供广大初、中级电脑爱好者自学使用。

图书在版编目（CIP）数据

中文版 Windows XP 实例与操作 / 丁永卫主编. —北京：
航空工业出版社，2010. 6
　ISBN　978-7-80243-487-5

　I. 中⋯ II. 丁⋯ III. 窗口软件，Windows XP IV.
TP316.7

　中国版本图书馆 CIP 数据核字（2010）第 063862 号

中文版 Windows XP 实例与操作
Zhongwenban Windows XP Shili yu Caozuo
_____
航空工业出版社出版发行
（北京市安定门外小关东里 14 号　100029）
发行部电话：010-64815615　　010-64978486
北京市科星印刷有限责任公司印刷　　　　全国各地新华书店经售
2010 年 6 月第 1 版　　　　　　　　　2010 年 6 月第 1 次印刷
开本：787×1092　　1/16　　　印张：17　　字数：403 千字
印数：1—5000　　　　　　　　　　　　定价：32.00 元

卷首语

 **致亲爱的读者**

亲爱的读者朋友，当您拿到这本书的时候，我们首先向您致以最真诚的感谢，您的选择是对我们最大的鞭策与鼓励。同时，请您相信，您选择的是一本物有所值的精品图书。

无论您是从事计算机教学的老师，还是正在学习计算机相关技术的学生，您都可能意识到了，目前国内计算机教育面临两个问题：一是教学方式枯燥，无法激发学生的学习兴趣；二是教学内容和实践脱节，学生无法将所学知识应用到实践中去，导致无法找到满意的工作。

计算机教材的优劣在计算机教育中起着至关重要的作用。虽然我们拥有 10 多年的计算机图书出版经验，出版了大量被读者认可的畅销计算机图书，但我们依然感受到，要改善国内传统的计算机教育模式，最好的途径是引进国外先进的教学理念和优秀的计算机教材。

众所周知，德国是当今制造业最发达、职业教育模式最先进的国家之一。我们原计划直接将该国最优秀的计算机教材引入中国。但是，由于西方人的思维方式与中国人有很大差异，如果直接引进会带来"水土不服"的问题，因此，我们采用了与全德著名教育机构——亚琛计算机教育中心联合策划这种模式，共同推出了这套丛书。

我们和德国朋友认为，计算机教学的目标应该是：让学生在最短的时间内掌握计算机的相关技术，并能在实践中应用。例如，在学习完 Word 后，便能从事办公文档处理工作。计算机教学的方式应该是：理论+实例+操作，从而避开枯燥的讲解，让学生能学得轻松，教师也教得愉快。

最后，再一次感谢您选择这本书，希望我们付出的努力能得到您的认可。

北京金企鹅文化发展中心总裁

 致亲爱的读者

亲爱的读者朋友，首先感谢您选择本书。我们——亚琛计算机教育中心，是全德知名的计算机教育机构，拥有众多优秀的计算机教育专家和丰富的计算机教育经验。今天，基于共同的服务于读者，做精品图书的理念，我们选择了与中国北京金企鹅文化发展中心合作，将双方的经验共享，联合推出了这套丛书，希望它能得到您的喜爱！

德国亚琛计算机教育中心总裁

本套丛书的特色

一本好书首先应该有用，其次应该让大家愿意看、看得懂、学得会；一本好教材，应该贴心为教师、为学生考虑。因此，我们在规划本套丛书时竭力做到如下几点：

➢ **精心安排内容。**计算机每种软件的功能都很强大，如果将所有功能都一一讲解，无疑会浪费大家时间，而且无任何用处。例如，Photoshop 这个软件除了可以进行图像处理外，还可以制作动画，但是，又有几个人会用它制作动画呢？因此，我们在各书内容安排上紧紧抓住重点，只讲对大家有用的东西。

➢ **以软件功能和应用为主线。**本套丛书突出两条主线，一个是软件功能，一个是应用。以软件功能为主线，可使读者系统地学习相关知识；以应用为主线，可使读者学有所用。

➢ **采用"理论+实例+操作"的教学方式。**我们在编写本套丛书时尽量弱化理论，避开枯燥的讲解，而将其很好地融入到实例与操作之中，让大家能轻松学习。但是，适当的理论学习也是必不可少的，只有这样，大家才能具备举一反三的能力。

➢ **语言简炼，讲解简洁，图示丰富。**一个好教师会将一些深奥难懂的知识用浅显、简洁、生动的语言讲解出来，一本好的计算机图书又何尝不是如此！我们对书中的每一句话，每一个字都进行了"精雕细刻"，让人都看得懂、愿意看。

➢ **实例有很强的针对性和实用性。**计算机教育是一门实践性很强的学科，只看书不实践肯定不行。那么，实例的设计就很有讲究了。我们认为，书中实例应该达到两个目的，一个是帮助读者巩固所学知识，加深对所学知识的理解；一个是紧密结合应用，让读者了解如何将这些功能应用到日后的工作中。

➢ **融入众多典型实用技巧和常见问题解决方法。**本套丛书中都安排了大量的"知识库"、"温馨提示"和"经验之谈"，从而使学生能够掌握一些实际工作中必备的应用技巧，并能独立解决一些常见问题。

➢ **精心设计的思考与练习。**本套丛书的"思考与练习"都是经过精心设计，从而真正起到检验读者学习成果的作用。

➢ **提供素材、课件和视频。**完整的素材可方便学生根据书中内容进行上机练习；适应教学要求的课件可减少老师备课的负担；精心录制的视频可方便老师在课堂上演示实例的制作过程。所有这些内容，读者都可从随书附赠的光盘中获取。

➢ **很好地适应了教学要求。**本套丛书在安排各章内容和实例时严格控制篇幅和实例的难易程度，从而照顾教师教学的需要。基本上，教师都可在一个或两个课时内完成某个软件功能或某个上机实践的教学。

本套丛书读者对象

本套丛书可作为中、高等职业技术院校，以及各类计算机教育培训机构的专用教材，也可供广大初、中级电脑爱好者自学使用。

本书内容安排

➢ **第 1 章**：介绍电脑的用途和组成，电脑开机、关机技巧，Windows XP 的桌面操作和鼠标操作等。

➢ **第 2 章**：介绍 Windows XP 基本操作和文字输入，包括窗口、菜单、对话框操作，以及输入英文和中文的方法等。

➢ **第 3 章**：介绍 Windows XP 系统设置，包括设置"开始"菜单和任务栏、设置桌面显示、设置多用户使用环境、设置系统日期和时间、设置鼠标等。

➢ **第 4 章**：介绍 Windows 文件管理，包括文件概念、浏览文件、打开和管理文件，以及通过光盘或 U 盘等设备传输文件。

➢ **第 5 章**：介绍 Windows XP 附带的小工具，如画图程序、计算器、放大镜等。

➢ **第 6 章**：介绍应用程序的安装、使用与卸载方法。

➢ **第 7 章**：介绍 Windows XP 的休闲娱乐功能，例如，听音乐、看电影、玩小游戏等。

➢ **第 8 章**：介绍打印机、数码相机、手机、摄像头和刻录机等常用办公和数码设备的安装与使用。

➢ **第 9 章**：介绍组建局域网和将电脑接入 Internet 的方法。

➢ **第 10 章和第 11 章**：介绍浏览网页、搜索与下载网络资源、收发电子邮件、网络聊天、网上博客和论坛、网上听歌和看电影、网上购物、玩网络游戏等。

➢ **第 12 章**：介绍维护、重装和备份 Windows XP 的方法。

本书附赠光盘内容

本书附赠了专业、精彩、针对性强的多媒体教学课件光盘，并配有视频，真实演绎书中每一个实例的实现过程，非常适合老师上课教学，也可作为学生自学的有力辅助工具。

本书的创作队伍

本书由德国亚琛计算机教育中心和北京金企鹅文化发展中心联合策划，丁永卫主编，并邀请一线职业技术院校的老师参与编写。主要编写人员有：郭玲文、白冰、郭燕、单振华、朱丽静、孙志义、李秀娟、顾升路、贾洪亮、常春英、侯盼盼等。

尽管我们在写作本书时已竭尽全力，但书中仍会存在这样或那样的问题，欢迎读者批评指正。另外，如果读者在学习中有什么疑问，也可登录我们的网站（http://www.bjjqe.com）去寻求帮助，我们将会及时解答。

编　者
2010 年 4 月

第 1 章　学习 Windows XP 预备知识

当你看见别人熟练地操作电脑，是否有些羡慕？当你看见别人利用电脑上网，或制作出精美的图片，是否有些迫不及待？学习电脑，其实就是学习电脑操作系统（如 Windows XP）的使用。现在，便让我们开始 Windows XP 学习之旅……

第 2 章　Windows XP 基本操作和文字输入

其实，操作电脑就像使用手机一样容易。Windows XP 作为视窗化的操作系统，我们只要掌握了它的窗口、菜单和对话框操作，便可以在电脑的世界里任意驰骋。如果要进行编写文章、网络聊天等操作，则还需要掌握键盘以及中文输入法的使用方法……

第 3 章　Windows XP 系统设置

想让电脑符合我们的使用习惯和个性化吗？只需对电脑进行一些简单设置，便可以实现这一愿望。例如，将个性化的图片设置为电脑桌面，为电脑设置漂亮的屏保，通过用户账户功能为电脑的不同用户设置各自的工作环境……

第 4 章　管理 Windows XP 中的文件

现实生活中，我们常编写文件、查看文件、将文件分类存档。电脑中也有各式各样的文件，如何创建、打开这些文件，以及对它们进行分类管理，是我们必须要掌握的知识……

第 5 章　使用 Windows XP 附带的小工具

Windows XP 自身携带了许多实用的小工具，用于帮助用户实现相应的操作。例如，用画图程序画画、用计算器进行四则运算……

第 6 章　安装、使用和卸载应用程序

现实生活中，要播放 DVD 影片，需要用 DVD 影碟机；要写文稿，需要用纸和笔；要绘图，需要用画纸和画笔。在电脑中，这些工作都由应用程序来做。例如，播放 DVD 影片，可以用 Windows Media Player 程序；写文稿，可以用 Word 程序；处理图形，可以用 Photoshop 程序……

第 7 章　娱乐新天地

现在让我们放松一下心情，听听音乐，看看电影，玩玩游戏吧！如果想让自己的声音出现在电脑里，在这里也能轻松办到……

第 8 章　办公和数码设备的使用

合作往往能带来双赢的结果，就像我们同德国朋友的合作，那么电脑与周边设备的合作呢？让我们来看看电脑与打印机、手机、数码相机等设备的合作能为我们带来什么……

第 *9* 章 局域网和 Internet

电脑不上网，就好像鸟儿没有翅膀一样，无法遨游在更广阔的空间中。我们只需安装一些简单的上网设备，做一些简单的设置，就可以将电脑连接到 Internet，享受上网的乐趣；如果您周边有多台电脑，还可以组建一个小型网络，来分享彼此的文件或共享上网……

第 *10* 章 开始上网冲浪

有人说 Internet 是一个广阔的海洋，有人说它是没有边际的天空，有人说它是一张奇异的大网。你想成为什么呢？悠游的鱼儿，自由的鸟儿，还是可爱的虫儿……

第 11 章 网上工作和生活

现在，让我们泡上一杯咖啡，悠闲地坐在电脑前，轻点鼠标，轻敲键盘，同远方的客户洽谈一笔生意，为远方的亲人送去一份祝福，或写一篇博文吐露一下心声……

第 12 章 维护、重装和备份 Windows XP

细心呵护一下心爱的电脑，会让它跑得更欢快；当它偶尔生一些小病时，作为它的主人，如果懂一些诊断和治疗知识，就会避免领它去医院看病的麻烦；如果电脑系统得了不治之症，则还可以通过重新安装 Windows XP 来解决问题……

章前导读

　　电脑已经融入到现代社会的各个领域，为我们的生活、工作和学习带来了极大的方便。电脑所做的所有事情都离不开操作系统的支持。Windows XP 是目前应用最为广泛的操作系统。因此，在本章中，我们将向读者介绍电脑的用途、基本组成，以及 Windows XP 的一些简单操作。

1.1　电脑的用途

电脑是一种用来对文字、图像和声音等信息进行存储、加工与处理的工具。下面我们就来了解一下电脑具体能为我们做什么。

> **科学计算：** 科学计算是电脑最早的应用领域，在科学研究和科学实践中，以前无法用人工解决的大量、复杂的数值计算等问题，现在用电脑可快速、准确地解决。

> **过程控制：** 在工业生产中，可用电脑控制生产过程，从而实现自动进料、自动加工及包装产品等。此外，对于一些人工无法亲自操作的繁重或危险的工作，也可利用电脑完成。

> **网络通信：** 利用电脑网络，我们可以看新闻、查询信息、上网"面对面"视频聊天，还可以收发电子邮件、下载各种资料，在家中进行购物、学习、求医、工作及网上求职等。图 1-1 所示为国内知名的"中华英才网"求职网站。

图 1-1　国内知名的"中华英才网"求职网站

➢ **信息处理**：利用电脑可对大量的数据进行分类、排序、分析、整理、统计等加工处理，并可按要求输出结果。目前，信息处理已成为电脑应用的一个主要领域，如人事管理、机票预定、金融管理、仓库管理、图书和资料检索等。图 1-2 所示为金企鹅图书管理系统。

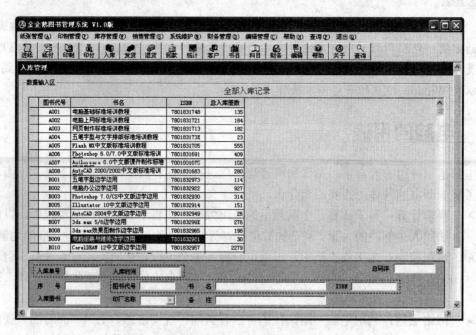

图 1-2　金企鹅图书管理系统

➢ **辅助功能**：目前常见的电脑辅助功能有电脑辅助设计（CAD）、电脑辅助教学（CAI）、电脑辅助制造（CAM）、电脑辅助测试（CAT）等。图 1-3 所示为利用电脑辅助设计软件 Pro/E 设计的产品模型图。

图 1-3　利用 Pro/E 软件设计的产品模型图

➢ **平面、动画设计及排版：** 现在大家看到的各种图书、杂志都是用电脑来排版的，其中的各种封面、插页也是用电脑来设计的，如图 1-4 所示。同时，大家看到的各种平面广告（参见图 1-5）、动画片、电视广告、节目片头、某些电影的特技效果也是用电脑来制作的。

图 1-4　利用电脑设计的杂志封面

图 1-5　利用电脑制作的平面广告

➢ **娱乐与游戏：** 我们还可以利用电脑听音乐、看电影、玩游戏等，其中既可以播放光盘中的电影，也可以从网上在线看电影，如图 1-6 所示。另外，目前的电脑游戏种类繁多，有一个人玩的单机游戏，有多个人玩的联机游戏，还有利用 Internet 在线玩的网络游戏。图 1-7 所示为网上斗地主游戏。

 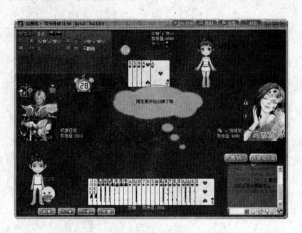

图 1-6 网上看电影   图 1-7 网络游戏"斗地主"

1.2 电脑的组成

电脑由硬件和软件组成，硬件是指那些看得见，摸得着的电脑实体；软件是相对于硬件而言的，是指为电脑运行工作服务的全部技术资料和各种程序。

1.2.1 电脑硬件

从外观上来看，电脑可以分为两种类型：台式电脑和笔记本电脑，如图 1-8 和图 1-9 所示。笔记本电脑与台式电脑的内部构造是相同的，只是选用了"小一号"的电脑配件，同时在设计方面更加精密，从而把电脑庞大的躯体浓缩到了方寸之间。

图 1-8 台式电脑   图 1-9 笔记本电脑

尽管电脑的外观千差万别，但都由主机、显示器、键盘和鼠标等设备组成，如图 1-10 所示。对于笔记本电脑而言，主机、显示器、键盘等都被集成在一个机壳之中。

主机 ——————— 显示器

音箱

键盘 ——————— 鼠标

图 1-10　电脑硬件

1. 主机

　　主机是电脑硬件系统的核心。在主机箱的前面板上通常会配置一些按钮、设备接口，以及一些指示灯，如图 1-11 所示。虽然主机箱的外观样式千变万化，但这些按钮、设备接口和指示灯的功能是完全相同的。

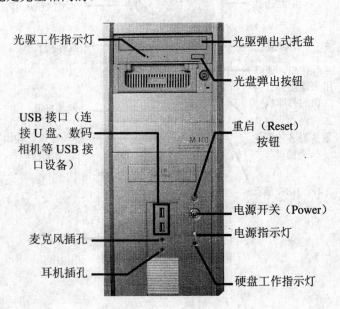

光驱工作指示灯 ——————— 光驱弹出式托盘

光盘弹出按钮

USB 接口（连接 U 盘、数码相机等 USB 接口设备） ——————— 重启（Reset）按钮

电源开关（Power）

麦克风插孔 ——————— 电源指示灯

耳机插孔 ——————— 硬盘工作指示灯

图 1-11　主机正面图

　　在主机箱的内部包含 CPU、内存条、主板、显卡、声卡、网卡、电源、硬盘、光驱等部件，它们共同决定了电脑的性能，如图 1-12 所示。

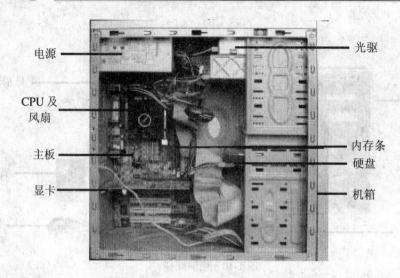

图 1-12　电脑主机内部的配件

　　主机的背后也提供了一些设备接口，用于连接鼠标、键盘、打印机、音箱、显示器等设备，如图 1-13 所示。

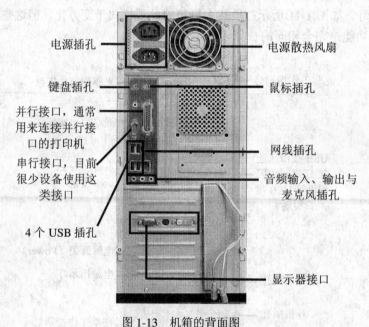

图 1-13　机箱的背面图

2. 显示器

　　显示器是电脑最重要的输出设备，它在屏幕上反映了电脑的运行情况。

　　目前常用的显示器主要有两类：一是类似传统电视机的 CRT 显示器；二是新型的液晶显示器，如图 1-14 所示。与 CRT 显示器相比，液晶显示器的优点是机身薄、省电、无辐射、画面柔和不伤眼，但它不如 CRT 显示器颜色艳丽。

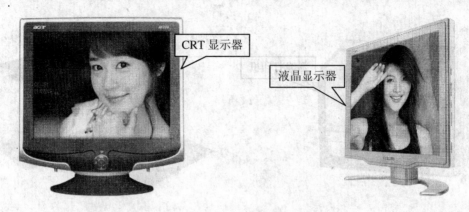

图 1-14　显示器

 　　如果根据尺寸划分，CRT 显示器和液晶显示器又可细分为 17 英寸、19 英寸与 22 英寸等规格。此外，对于 CRT 显示器来说，根据显像管规格的不同，又可细分为球面显示器（已淘汰）和纯平显示器。

3. 键盘和鼠标

键盘和鼠标主要用于向电脑发出指令和输入信息,是电脑最主要的输入设备,如图 1-15 所示。在后面的章节我们将具体学习鼠标与键盘的使用方法。

图 1-15　键盘和鼠标

4. 电脑辅助设备

电脑常用的辅助设备有音箱、打印机、扫描仪、刻录机、数码相机和数码摄像机等,它们不是电脑的必备部件,可以根据自己的需求来配备。

> **音箱、耳机和麦克风：** 音箱和耳机的作用是配合声卡输出电脑中的声音。如果您需要利用电脑听音乐、看电影等,可以为您的电脑配备音箱或耳机；另外如果希望向电脑中输入声音,或在网上进行语音聊天,则还需要配置一个麦克风或耳麦（带麦克风的耳机）。

> **打印机：** 打印机可以将我们编排好的文档、表格及图像等内容输出到纸上。目前打印机主要分为针式打印机（主要用来打印票据）、喷墨打印机和激光打印机三种类型,如图 1-16 所示。

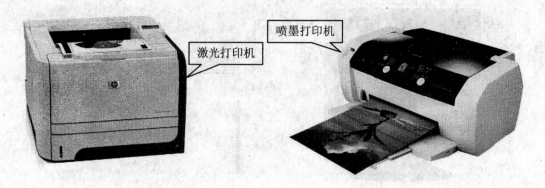

图 1-16　打印机

> **扫描仪**：扫描仪与打印机的作用正好相反，它主要是将我们要进行处理的文件、图片等内容输入到电脑中，如图 1-17 所示。
> **数码相机**：数码相机（参见图 1-18）与普通相机不同，它不再需要胶卷，而是将拍摄到的相片保存在存储器中，并可以将相片传输到电脑中进行处理。

图 1-17　扫描仪　　　　　　　　　　图 1-18　数码相机

> **闪盘**：闪盘（U 盘）是一种小巧玲珑、易于携带的移动存储设备，可用于在不同的电脑之间传输数据。
> **DV 或摄像头**：将 DV 拍摄的视频传输到电脑中，就可利用视频制作软件对视频进行加工处理。另外，利用摄像头还可与远方的朋友进行视频聊天。

1.2.2　电脑软件

软件是电脑的灵魂，电脑需要软件的支持才能正常运行。电脑软件主要分为系统软件和应用软件两大类，下面分别对它们进行介绍。

1. 系统软件

系统软件是管理、监控和维护电脑资源，使电脑能够正常工作的程序及相关数据的集合，它包括操作系统、数据库管理系统和各种程序设计语言。

> **操作系统：** 简称 OS（Operating System），是控制和管理电脑的平台，电脑需要安装操作系统才能为我们工作。常见的操作系统有 Windows、UNIX 等。其中，Windows 是主流的操作系统，又包括 Windows 98、Windows 2000、Windows XP、Windows 2003、Windows Vista、Windows 7 等。

> **数据库管理系统：** 是用户建立、使用和维护数据库的软件，简称 dbms。目前，常用的单机数据库管理系统有 DBASE、FoxBase、Visual FoxPro 等，适合于网络环境的数据库管理系统有 Sybase、Oracle、DB2、SQL Server 等。

> **程序设计语言：** 程序设计语言是指用来编译、解释、处理各种程序时所使用的计算机语言，它包括机器语言、汇编语言及高级语言等，如 Visual Basic（简称 VB）、Visual C++（简称 VC）、Delphi 等。

2. 应用软件

应用软件运行在操作系统之上，是为了解决用户的各种实际问题而编制的软件，如办公软件 Office，图像处理软件 Photoshop，网页制作软件 Dreamweaver，动画制作软件 Flash 等。

> 在各种软件中，操作系统是最基础的软件，其他所有软件都运行于操作系统之上。也就是说，一台电脑必须首先安装操作系统，才能安装和使用其他软件。

1.3　登录 Windows XP

要使用电脑，首先要登录 Windows XP。按一下显示器上的电源开关按钮，然后按一下主机上的电源开关按钮，电脑首先对基本设备进行检查（称为自检），并显示相应的信息（如 CPU 主频大小、内存大小等），再等一会儿，便自动登录到 Windows XP。

> 如果用户在 Windows XP 中设置了多个用户或为用户设置了密码，将显示 Windows XP 登录界面（参见图 1-19），此时需要单击要登录的用户。如果用户设置了密码，则还需要输入密码，然后单击右侧的箭头 ➡ 登录 Windows XP。

图 1-19　Windows XP 登录界面

登录到 Windows XP 系统后，首先展示在我们面前的是它的桌面，如图 1-20 所示。作为一个视窗化的操作系统，Windows XP 的所有操作都在桌面上进行。

桌面图标。通过它们可快速打开相关项目

如果你的电脑桌面上没有显示"我的文档"、"我的电脑"、"网上邻居"和"Internet Explorer"图标，可参考 1.4.3 节内容显示它们

任务栏。其中，利用"开始"按钮可打开任何应用程序；利用任务指示区可关闭、最大化、最小化打开的窗口

桌面区。在 Windows XP 系统中打开的所有程序和窗口都会呈现在它上面

"开始"按钮　快速启动工具栏　任务指示区　任务提示区　语言栏

图 1-20　Windows XP 的桌面

1.4　从桌面开始操作 Windows XP

Windows XP 的桌面主要包括桌面图标、任务栏、桌面区几个部分，其中任务栏又由"开始"按钮、快速启动工具栏、任务指示区与提示区组成（参见图 1-20），它们是操作 Windows XP 的基础，下面介绍其使用方法。

1.4.1　使用鼠标向电脑下命令

鼠标是操作电脑时最常使用的设备，因此我们首先介绍它的使用方法。

1. 鼠标的正确握持姿势

鼠标由左键、右键、滚轮和鼠标体组成，如图 1-21 所示。使用鼠标时，食指和中指自然放置在鼠标的左键和右键上，拇指横向放在鼠标左侧，无名指和小指放在鼠标的右侧，拇指与无名指轻轻握住鼠标，手掌心轻轻贴住鼠标后部，手腕自然垂放在桌面或者鼠标垫的凸起部分，如图 1-22 所示。

2. 鼠标光标的形状及作用

登录 Windows XP 后，轻轻移动鼠标体，会发现 Windows 桌面上有一个箭头图标随着鼠标体的移动而移动（参见图 1-23），我们将该箭头图标称为鼠标光标或鼠标指针。

图 1-21 鼠标组成   图 1-22 鼠标的握持姿势   图 1-23 鼠标光标

鼠标光标用于指示要操作的对象或位置，而且在不同的操作状态下，鼠标光标的形状也不相同。表 1-1 列举了各种操作状态下鼠标光标的形状及作用。

表 1-1 鼠标光标的形状及作用

作用	形状	作用	形状
正常选择	↖	垂直调整	↕
帮助选择	↖?	水平调整	↔
后台运行	↖⌛	沿对角线调整 1	↘
系统繁忙	⌛	沿对角线调整 2	↗
精确定位	+	移动	✛
选定文字	I	候选	↑
手　　写	✎	链接选项	🖑
不可使用	🚫		

3. 鼠标的使用方法

鼠标的基本使用方法包括下列几种。

➢ **移动：**由拇指和无名指握住鼠标，然后在鼠标垫上移动鼠标，此时鼠标指针将随之移动。该操作主要用于定位要操作的对象。例如，将鼠标指针移动到桌面左下角的"开始"按钮上方，如图 1-24 所示。

开始

图 1-24 将鼠标指针移动到"开始"按钮上方

➢ **单击：**用食指快速按下鼠标左键，然后释放。该操作主要用于选择要操作的对象，或打开某项菜单。例如，在桌面"开始"按钮处单击，即可打开"开始"菜单，如图 1-25 所示（我们常说的"单击×××"，是指将鼠标指针移动到"×××"上方并单击）。

> **右击：**用中指按下鼠标右键，然后释放。执行鼠标右击操作时，系统通常都会打开一个快捷菜单，用户可利用单击方式选择相应的菜单项，从而执行某项操作。与此同时，右击的对象或区域不同，快捷菜单的内容也会随之变化。例如，将鼠标指针移动到桌面，然后右击，将弹出如图 1-26 所示的快捷菜单。

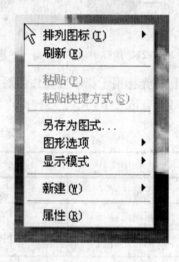

图 1-25　单击"开始"按钮　　　　　　　　　　　　　　　图 1-26　右击桌面

> **双击：**用食指连续按两下鼠标左键。该操作主要用于打开文件夹、文件或程序等。例如，在桌面上双击"回收站"图标将打开"回收站"窗口，如图 1-27 所示。

图 1-27　双击"回收站"图标打开"回收站"窗口

> **拖动：**首先将鼠标指针移至要操作的对象上方，然后按住鼠标左键不放并移动鼠标，至目标位置后释放鼠标左键。鼠标拖动操作通常用来移动对象的位置。例如，我们可利用拖动改变"回收站"在桌面上的位置，如图 1-28 所示。
> **滚轮：**利用鼠标滚轮可进行某些特定的操作。例如，在浏览网页时，单击鼠标滚轮可进入页面自动浏览状态，此时上下移动鼠标可滚动浏览网页；用户也可以在不单击鼠标滚轮的情况下，直接转动滚轮来滚动浏览网页。要转动鼠标滚轮，只需使用食指轻轻按住滚轮并前后滚动即可，如图 1-29 所示。

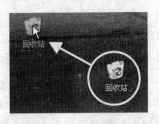

图 1-28 拖动"回收站"图标

图 1-29 使用鼠标滚轮

1.4.2 使用"开始"菜单

"开始"菜单是操作电脑的门户，利用它可以打开任何应用程序及其他项目。"开始"菜单大体上包括五部分，如图 1-30 所示。

图 1-30 Windows XP 的"开始"菜单

"开始"菜单各部分的意义如下：

➢ "开始"菜单最上方显示了当前登录 Windows XP 系统的用户，由一个漂亮的小图片和用户名组成，这些内容随着登录用户的改变会有所不同。

➢ 常用应用程序的快捷启动项分为两组：分组线上方是应用程序的常驻快捷启动项，一旦设置后便不会自动改变；分组线下方是系统自动添加的最常用的应用程序快捷启动项，其会随着应用程序的使用频率而自动改变。通过单击这些启动项，可以快速启动相应的应用程序。

➢ "控制菜单"区域包括"我的电脑"、"我的文档"、"搜索"、"控制面板"等菜单项，通过单击这些菜单项可以实现对电脑的操作与管理。

➢ 在"所有程序"中可以找到电脑中已安装的全部应用程序，通过单击其中的菜单项可以打开相应的应用程序。

➤ 在"开始"菜单最下方是"注销"和"关闭计算机"这两个按钮，通过单击它们可以注销用户或关闭电脑。

Windows XP 系统提供了诸如计算器、画图、记事本之类的小程序，下面以打开"计算器"为例，介绍通过"开始"菜单打开项目的方法。

Step 01 单击"开始"按钮，在打开的"开始"菜单中，依次将鼠标指针移动到"所有程序" > "附件" > "计算器"菜单项上，如图 1-31 左图所示。

Step 02 单击"计算器"，将打开图 1-31 右图所示的"计算器"操作界面。

图 1-31 启动"计算器"程序

1.4.3 显示、隐藏与排列桌面图标

Windows XP 的桌面图标实际上是指向程序、文件或硬件设备（如硬盘驱动器、打印机等）的指针，每个图标都与 Windows XP 提供的某个功能相关联。当用户双击桌面上的图标时，系统将打开相应的窗口或执行相应的程序。

当我们安装好 Windows XP 操作系统后，桌面上只有一个"回收站"图标，它位于桌面的右下角。如果希望在桌面上显示"我的电脑"、"我的文档"等图标，可执行如下操作。

Step 01 在桌面空白区右击鼠标，从弹出的桌面快捷菜单中单击"属性"（参见图 1-32 左图），在弹出的"显示 属性"对话框中单击"桌面"标签，然后单击"自定义桌面"按钮（参见图 1-32 右图），打开"桌面项目"对话框。

Step 02 在"桌面项目"对话框中，分别单击"我的文档"、"网上邻居"、"我的电脑"和"Internet Explorer"项目前的小方框□，使其中出现"√"号（表示选中该项目），然后单击"确定"按钮，确认设置并关闭"桌面项目"对话框，如图 1-33 所示。

图 1-32　打开"显示 属性"对话框　　　　　图 1-33　　"桌面项目"对话框

Step 03　在"显示 属性"对话框中单击"确定"按钮，使设置生效并关闭该对话框，此时将在桌面的左侧显示"我的文档"、"网上邻居"、"我的电脑"和"Internet Explorer"四个图标。

> 　　如果您希望隐藏这些图标，仅需要将步骤 2 中"桌面项目"对话框的"我的文档"、"网上邻居"、"我的电脑"和"Internet Explorer"项目前的小方框☑中的"√"号去掉（表示未选中该项目），即再单击一次该项目前的小方框☑。

下面我们来简单介绍一下 Windows XP 桌面上常见图标的功能。

- ➢ **我的文档**：用来存放用户在 Windows 中创建的文件。用户保存新建文件时如不指定磁盘和文件夹名，系统就会将文件自动存放到"我的文档"文件夹中。
- ➢ **我的电脑**：通过它可以查看并管理电脑中的所有资源。
- ➢ **网上邻居**：在局域网环境中，可通过"网上邻居"访问网络中的可用资源。
- ➢ **回收站**：临时存储从 Windows 中删除的文件或文件夹，需要时可将回收站中的文件或文件夹予以恢复。
- ➢ **Internet Explorer 浏览器**：如果电脑已经连网，可通过它访问 Internet 上的资源。

Step 04　默认情况下，桌面图标是按名称自动排列的。如果希望按大小、类型、修改时间等自动排列，可打开桌面快捷菜单，然后依次选择"排列图标" > "大小"、"类型"或"修改时间"等，如图 1-34 所示。

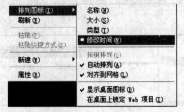

图 1-34　以"修改时间"排列图标

Step 05 如果希望隐藏桌面上的全部图标，可打开桌面快捷菜单，从中选择"排列图标"
> "显示桌面图标"菜单，此时"显示桌面图标"菜单项前面的"√"消失。
要重新显示桌面图标，可再次打开桌面快捷菜单并选择"显示桌面图标"。

1.4.4 使用任务栏

通过前面的学习，我们已经掌握了"开始"菜单的使用方法，下面介绍任务栏其他组
成部分的使用方法。

1. 快速启动工具栏

快速启动工具栏位于任务栏的左侧，紧临"开始"按钮的位置，其中存放了一些项目
的快速启动图标，只要单击图标即可打开相应项目。例如，单击 图标可启动 Windows
Media Player 媒体播放器；单击 图标可启动 Internet Explorer 浏览器；单击 图标可重新
显示桌面（即最小化所有打开的窗口）。

 如果任务栏中没有显示快速启动工具栏，要显示它，可右击任务栏空
白处，在弹出的任务栏快捷菜单中选择"工具栏" > "快速启动"菜单项，
使其前面出现"✔"即可，如图 1-35 所示。

我们也可以直接将桌面快捷图标、程序、项目等拖动到快速启动工具栏中，为其在快
速启动工具栏中创建相应的图标。例如，可将桌面上的"我的电脑"图标拖动到快速启动
工具栏，为其在快速启动工具栏中创建一个快捷方式，如图 1-36 所示。

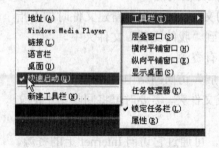  

图 1-35 显示快速启动工具栏　　　　图 1-36 将"我的电脑"图标放入快速启动工具栏

 如果希望删除快速启动工具栏中的图标，可直接右击该图标，在弹出
的快捷菜单中单击"删除"，然后在弹出的对话框中确认即可，如图 1-37
所示。

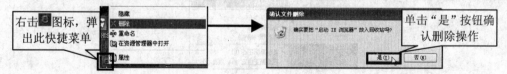

图 1-37 删除快速启动工具栏中的图标

2. 任务指示区

任务指示区位于任务栏的中间，用户每执行一项任务，通常都会在任务指示区出现一个与该任务相关的按钮。通过单击不同按钮，可在各项任务之间进行切换，如图1-38所示。

图1-38 任务指示区

3. 任务提示区

任务提示区位于任务栏的右侧，其中显示了当前时间、音量、Windows 安全警报、一些在后台运行的应用程序等图标，如图1-39所示。

图1-39 任务提示区

4. 语言栏

语言栏用于选择输入法。默认情况下，语言栏是独立的，并且位于任务栏的右上方，如图1-40左图所示；如果希望将语言栏最小化，使其显示在任务栏中，可单击语言栏右上方的■按钮（参见图1-40左图），结果如图1-40中图所示；最小化语言栏后，如果希望将其还原，可右击语言栏，然后从弹出的快捷菜单中单击"还原语言栏"；如图1-40右图所示。

图1-40 语言栏的最小化与还原

1.5 退出 Windows XP

不使用电脑的时候，需要使用正确的方法将其关闭；另外，如果电脑使用时间过长，有可能出现运行变慢或某些程序无法运行等故障，此时需要重新启动一下电脑。

关闭电脑就是指退出操作系统,如 Windows XP,并切断电脑设备电源的过程,具体操作如下。

Step 01 关闭所有打开的窗口以及应用程序。如果有文档没保存,需要先将其保存。

Step 02 单击"开始"按钮,在弹出的菜单中单击"关闭计算机",随后在打开的"关闭计算机"对话框中单击"关闭"按钮,如图 1-41 所示。

图 1-41 关闭电脑

知识库 如果我们希望在下次使用电脑时能重现原来的工作状态(如打开的窗口、文档等),可单击"待机"按钮,使电脑进入低能耗状态。单击"重新启动"按钮,电脑将重新启动。单击"取消"按钮,将取消关闭电脑的操作。

Step 03 等显示器屏幕变黑屏后,按一下显示器电源开关,关闭显示器。

Step 04 如果长时间不使用电脑,需要关闭电源。

温馨提示 也可按一下机箱上的电源按钮(Power 按钮)来关闭电脑,其效果与上面的关机方式相同。当电脑遇到"死机"(如无法移动鼠标指针)现象时,可按"重启"按钮(Reset 按钮)重新启动电脑,也可以按住电源按钮 4 秒钟左右强制关闭电脑。

综合实例——浏览电脑中的图像

下面通过一个实例来让大家简单领会一下在 Windows XP 中的操作。

Step 01 双击桌面上的"我的文档"图标,打开"我的文档"窗口,再双击"图片收藏"文件夹(参见图 1-42),打开"图片收藏"窗口。

Step 02 在"图片收藏"窗口中双击"示例图片"图标(参见图 1-43),打开"示例图片"窗口。

Step 03 在"示例图片"窗口中双击"Blue hills.jpg"图片(参见图 1-44),便可启动"图片和传真查看器"浏览该图片,效果如图 1-45 所示。

Step 04 在"图片和传真查看器"窗口中,将鼠标指针放在 ◗ 按钮上,便可显示该按钮的作用。单击该按钮可查看下一幅图片。

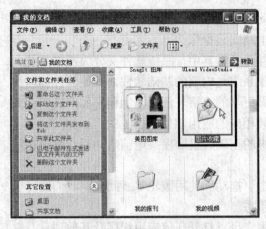

图 1-42 "我的文档"窗口

图 1-43 "图片收藏"窗口

图 1-44 "示例图片"窗口

图 1-45 Blue hills.jpg 图片

Step 05 单击 ◄ 按钮查看上一副图片；单击 ➕ 按钮放大图片；单击 ➖ 按钮缩小图片；单击 ⛶ 按钮以实际尺寸显示图片；单击 ⊞ 按钮以合适尺寸显示图片；单击 🔄 按钮顺时针旋转图片；单击 🔄 按钮逆时针旋转图片；单击 🖼 按钮以幻灯片形式展示图片。

Step 06 最后单击"图片和传真查看器"窗口右上角的 ✕ 按钮，关闭图片；单击"示例图片"窗口右上角的 ✕ 按钮，关闭该窗口。

本章小结

通过本章的学习，读者应该重点掌握以下知识：

➢ 电脑由主机、显示器、键盘和鼠标等设备组成。在主机的内部又包含了 CPU、内存条、主板、显卡、声卡、网卡、电源、硬盘、光驱等部件，它们共同决定了电脑的性能。

> 我们可以根据需要为电脑添加一些辅助设备。例如，要打印文件，需要为电脑安装打印机；要进行视频聊天，需要为电脑安装摄像头。

> 电脑软件主要分为系统软件和应用软件两类。其中，系统软件又分为操作系统、数据库管理系统和程序设计语言。操作系统是电脑的基础软件，其他软件都运行于操作系统之上。如果我们要用电脑做更多的事情。例如，制作平面广告、动画或玩一些游戏等，则需要在电脑中安装相应的应用软件。

> 启动电脑时，需要遵循先外设、后主机的正确开机顺序。电脑启动后，呈现在我们面前的是操作系统桌面。

> 鼠标操作包括移动、单击、双击、右击、拖动和使用滚轮等。此外，我们还可以根据鼠标指针判断当前系统处于什么状态。

> "开始"菜单是操作电脑的门户，利用它可以打开任何应用程序及其他项目。

> 单击任务栏"快速启动工具栏"中的图标，可以打开与之相关的项目，我们还可以将桌面图标拖动到快速启动工具栏中。

> 关闭电脑之前，需要先保存打开的文档，然后再关闭打开的窗口和程序，最后按先主机、后外设的顺序关闭电脑及相关设备。

思考与练习

一、填空题

1. 一台完整的电脑主要包括_____、_____、_____和_____。
2. 从外观上看，电脑分为_____和_____两种类型。
3. 目前显示器主要分为_____和_____两种类型。
4. 目前打印机主要分为_____、_____和_____三种类型。
5. 软件主要分为_____和_____两大类，Windows XP 属于_____。
6. 鼠标的五种基本操作方法是：_____、_____、_____、_____、_____。
7. 任务栏由_____、_____、_____和_____组成。

二、选择题

1. 下面说法错误的是（　）
   A. 从外观上来看，电脑可以分为台式电脑和笔记本电脑两种类型
   B. 利用电脑可以看电影、玩游戏、制作广告
   C. 目前显示器主要分为球面显示器和纯平显示器
   D. 利用扫描仪可以将相片传输到电脑中
2. 下列软件中不属于系统软件的是（　）
   A. Windows XP　　　　　　　　B. UNIX
   C. Office　　　　　　　　　　D. Windows Vista

3. 下面哪件设备可以在不同的电脑间传输数据（　　）

    A. 摄像头　　　　　　　　　　B. 打印机

    C. 扫描仪　　　　　　　　　　D. 闪盘

4. 利用鼠标的哪种操作可以打开文件、文件夹等（　　）

    A. 单击　　　　　　　　　　　B. 滚轮

    C. 右击　　　　　　　　　　　D. 拖动

5. 当鼠标指针变成▨形状时，表明系统处于什么状态（　　）

    A. 系统繁忙　　　　　　　　　B. 正常状态

    C. 帮助选择　　　　　　　　　D. 精确定位

6. 下面关于"开始"菜单说法错误的是（　　）

    A. "开始"菜单最上方显示了当前登录 Windows XP 系统的用户

    B. 单击"开始"菜单任务指示区中的按钮可打开相应的项目

    C. 在"所有程序"中可以找到电脑中已安装的全部应用程序

    D. 通过"开始"菜单可以关闭电脑

三、操作题

1. 通过"开始"菜单打开"画图"程序，然后将其关闭。

2. 隐藏"我的电脑"和"我的文档"桌面图标。

第2章
Windows XP 基本操作和文字输入

章前导读

作为一个视窗化的操作系统，我们在操作 Windows XP 时，接触最多的便是其桌面、窗口、菜单、对话框等，本章便来学习如何设置或操作它们。此外，本章还介绍了如何在 Windows XP 中输入文字。

2.1 操作窗口

启动程序或打开文件夹时，Windows XP 会在屏幕上划定一个矩形区域，这便是窗口。操作应用程序大多是通过窗口中的菜单、工具按钮、工作区或打开的对话框来进行的。

尽管各种窗口的功能各不相同，但它们的组成元素和外观都很类似。因此，其使用方法基本相同。

在本节中，我们将通过操作"我的电脑"窗口向读者介绍窗口组成及常用操作。

2.1.1 窗口的组成

双击桌面上的"我的电脑"图标，打开"我的电脑"窗口，其组成元素如图 2-1 所示，各组成元素的含义如下。

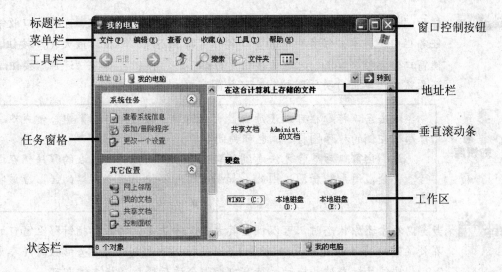

图 2-1 "我的电脑"窗口

> **标题栏**：位于窗口的最上方，其左侧显示了程序图标■和程序名称（对于部分应用程序窗口，标题栏中还会显示当前编辑的文档名称），右侧是最小化■、最大化■和关闭■三个窗口控制按钮。

> **菜单栏**：分类存放命令的地方。例如，"我的电脑"窗口中的"文件"菜单中包含了一组与文件操作有关的命令；"编辑"菜单中包含了一组与编辑操作有关的命令。

> **工具栏**：通常位于菜单栏的下方，提供了一组按钮，单击这些按钮，可以快速执行一些常用操作。例如，在"我的电脑"窗口的工具栏中单击"向上"按钮■可以切换到当前文件夹的上一级文件夹。

> 将光标移至按钮上方，会自动显示该按钮的名称，从而大致判断其作用。

> **地址栏**：显示当前文件夹的路径，利用它可以快速切换文件夹。

> **任务窗格**：用于执行一些常用操作。例如，在"我的电脑"窗口的任务窗格中单击"查看系统信息"，可以打开"系统属性"对话框，利用该对话框可以查看电脑的硬件型号、操作系统版本等。

> **工作区**：用于执行具体的任务。例如，在"我的电脑"窗口中，工作区主要用来操作文件或文件夹，在写字板、Word 程序窗口中，工作区主要用来编辑文档，在 Photoshop 程序窗口中，工作区主要用来编辑图像。

> **状态栏**：大多数窗口的底部还有一个状态栏，用来显示当前窗口的有关信息。

2.1.2 窗口的基本操作

窗口操作包括窗口的移动、切换和调整大小等，操作方法如下。

Step 01 打开"我的电脑"窗口，单击标题栏右侧的"最小化"按钮■可将窗口收缩到任务栏中，再单击任务栏中的窗口按钮可将其还原；单击"最大化"按钮■可使窗口铺满整个桌面，此时该按钮变为■（还原按钮）；单击"还原"按钮■可还原窗口；单击"关闭"按钮⊠可关闭窗口。

　　　双击窗口标题栏可以还原或最大化窗口。按【Alt+F4】组合键或双击标题栏左侧的程序图标■，也可关闭窗口。

　　　最小化窗口后尽管无法看到窗口内容，但该窗口所代表的程序仍在运行，仍会占用系统资源。因此，如果长时间不使用某个窗口的话，应该将其关闭。

Step 02 当窗口处于还原状态时，可以调整其大小。方法是：将鼠标指针移至窗口的边界处（窗口的 4 条边框或 4 个角），当鼠标指针变成双向箭头形状时（参见图2-2），按住鼠标左键并拖动，待窗口大小合适后释放鼠标左键即可。

Step 03 要移动窗口，窗口也必须处于还原状态。方法是：将鼠标指针移至窗口的标题栏上，按住鼠标左键并拖动（参见图2-3），到合适的位置后释放鼠标左键即可。

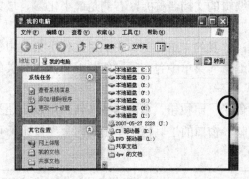

图 2-2　调整窗口大小

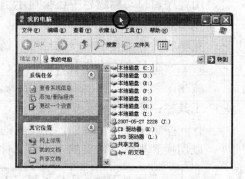

图 2-3　移动窗口的位置

Step 04 当在窗口右侧或下方出现垂直或水平滚动条时（参见图 2-4），说明窗口中还有内容没显示出来，我们可以利用以下方法查看这些未显示的内容。

图 2-4　滚动条

> ➤ 单击滚动条两侧的滚动箭头，可上、下或左、右滚动显示窗口内容。
> ➤ 单击滚动条中滚动块两侧空白处，可将窗口内容上、下或左、右滚动显示一屏。
> ➤ 拖动滚动块可以移动窗口内容的显示区域，滚动块在滚动条中的相对位置显示了窗口可见内容相对于全部内容的位置。

Step 05 当打开多个窗口时，可采用以下两种方法在不同的窗口之间切换（用户可同时打开"我的电脑"和"回收站"窗口进行操作）。

> ➤ **使用鼠标：**如果能在屏幕上看到要切换的窗口，则单击该窗口的任一部分即可将其切换为当前窗口；如果在屏幕上看不到要切换的窗口，则可单击该窗口在任务栏中的按钮进行切换，如图2-5所示。

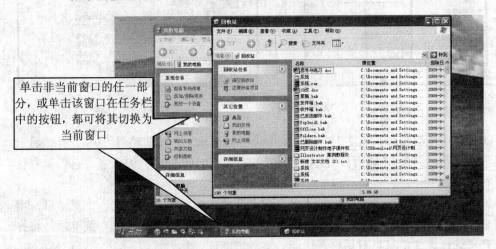

单击非当前窗口的任一部分，或单击该窗口在任务栏中的按钮，都可将其切换为当前窗口

图2-5 切换窗口

> ➤ **使用键盘：**按【Alt+Tab】组合键可循环切换窗口。

2.2 使用菜单

Windows XP中的大多数操作都是通过菜单中的相关命令执行。Windows XP的菜单包括"开始"菜单、窗口中的菜单、鼠标右键单击弹出的快捷菜单。前面我们已经学习了"开始"菜单的用法，本节主要介绍窗口菜单和快捷菜单的使用方法。

2.2.1 窗口菜单

窗口菜单通常由菜单栏、主菜单名和菜单项组成，如图2-6所示。单击某个主菜单可打开它的下拉菜单，单击某一菜单项可执行相应的操作。例如，要隐藏"我的电脑"窗口中的"状态栏"和"工具栏"，可执行如下操作。

Step 01 要隐藏状态栏，可在"我的电脑"窗口中选择"查看">"状态栏"菜单（参见图2-6），此时"状态栏"前面的"√"消失。

Step 02 要重新显示状态栏，可再次选择"查看">"状态栏"菜单，此时"状态栏"前

面的 "√" 出现。

Step 03 要隐藏工具栏，可选择 "查看" > "工具栏" > "标准按钮" 菜单，如图 2-7 所示。此时 "标准按钮" 前面的 "√" 消失。要重新显示工具栏，可再次执行同样的操作，此时 "标准按钮" 前面的 "√" 出现。

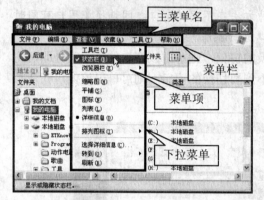
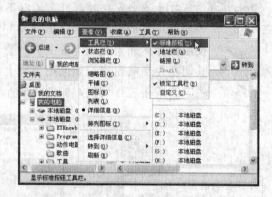

图 2-6　隐藏状态栏　　　　　　　　　　　　图 2-7　隐藏工具栏

细心的读者可能会发现，图 2-7 中有些菜单项右侧显示了一个省略号 "…"，有些显示了一个黑色三角符号 "▶"，还有些显示了类似 "T"、"Ctrl+C" 之类的文字。它们都有什么含义呢？

➢ 如果某个菜单项右侧有省略号 "…"，表示单击该菜单项将打开一个对话框，用来设置相关参数。例如，选择 "查看" 菜单中的 "选择详细信息" 菜单项，将打开 "选择详细信息" 对话框。

➢ 如果某个菜单项右侧有黑色三角符号 ▶，表示该菜单项还包含下一级子菜单。将光标移至该菜单项上将打开其子菜单，如图 2-7 所示。

➢ 若选择某个菜单项后，其左侧出现 "√"，或者 "√" 消失，表示该菜单项为开关菜单项。例如，选择 "查看" 菜单中的 "状态栏" 菜单项，可显示或隐藏位于窗口底部的状态栏。

➢ 如果某个菜单项呈灰色显示，表示该菜单项当前不可用。

➢ 如果某个菜单项左侧出现 ●，表示在某个组（以灰色的细线隔开）中只能选择其中一个菜单项。

➢ 如果某个菜单项右侧出现类似 "Ctrl+C" 之类的文字，这是为该菜单项定义的快捷键，它表示用户无需打开下拉菜单，可直接通过按该快捷键执行该菜单项所代表的功能。熟练使用快捷键可以提高工作效率。

> 不同应用程序窗口中的主菜单可能不一样，里面包括的菜单项也不同，例如 Word 应用程序窗口中有一个 "插入" 主菜单，在它里面的菜单项都是一些在 Word 文档中插入各种对象的命令，如图 2-8 所示；"表格" 主菜单，它里面的菜单项都与表格操作有关。基本上，我们都能根据主菜单名称看出它的作用。

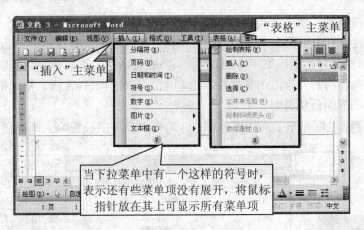

图 2-8 Word 应用程序中的菜单

2.2.2 快捷菜单

在 Windows XP 的桌面、窗口等处单击鼠标右键，通常都会弹出一个快捷菜单，利用其中的菜单项可快速执行某项操作。例如，要隐藏窗口中的工具栏，我们也可在工具栏或菜单栏任意位置右击鼠标，在弹出的快捷菜单中选择"标准按钮"，使其前面的"√"消失，如图 2-9 所示。

在使用工具栏中的按钮时，如果某个按钮的右侧有一个黑色三角形"▾"，表示单击该按钮将打开一个操作列表。如果将光标移至按钮上方时，按钮明显被分成了两部分，则表示单击左侧的按钮可执行某项操作，而单击右侧的黑色三角形"▾"将打开一个操作列表，如图 2-10 所示。

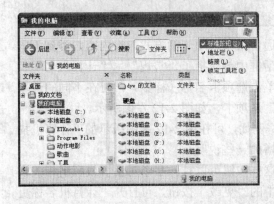

图 2-9 利用快捷菜单隐藏工具栏

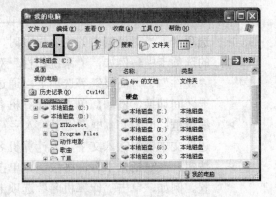

图 2-10 带操作列表的按钮

2.3 操作对话框

对话框是一种特殊的窗口，用于为达到某一目的而进行参数设置。选择某个菜单项或单击某个工具按钮时，便可能会打开一个对话框，用于进行相关的设置。

例如，用鼠标右击桌面上"我的电脑"图标，在弹出的快捷菜单中单击"属性"，便可打开"系统 属性"对话框，如图 2-11 所示。虽然对话框的形态各异，功能各不相同，但大都包含了一些相同的元素，如标题栏、选项卡、编辑框、列表框、复选框、单选钮、预览框、按钮等，下面分别说明。

➢ **标题栏：**左端显示了对话框名称，右端有一个关闭按钮 ⊠，单击它可关闭对话框。

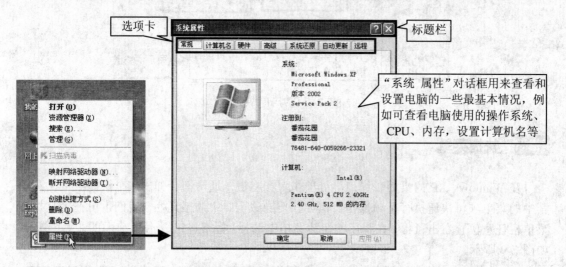

图 2-11　打开"系统 属性"对话框

> 　　虽然对话框的形态各异，作用也各不相同，但它们都包含了一些共同的元素，如选项卡、文本框、按钮、单选钮、复选框等。不同的对话框中，这些组成元素所起的作用不同，但使用方法都一样。下面便来看看如何操作对话框中组成元素。

➢ **选项卡：**当对话框中的内容很多时，通常采用选项卡的方式，将内容归类到不同的选项卡中。例如，"系统属性"对话框中就包括了"常规"、"计算机名"、"硬件"、"高级"等选项卡。通过单击选项卡名称（标签），可在不同的选项卡之间切换，例如，单击"计算机名"选项卡，如图 2-12 左图所示。

➢ **编辑框：**也叫文本框，用于输入字符。例如，可在图 2-12 左图所示的"计算机描述"文本框中输入文字，为计算机名增加一些说明。

➢ **按钮：**在对话框中有许多按钮，单击这些按钮可以打开某个对话框或应用相关设置。例如，单击"计算机名"选项卡中的"更改"按钮，可打开"计算机名称更改"对话框，从这里可为计算机重新取一个在网络上的名称，如图 2-12 右图所示。

➢ **单选钮：**通常由多个单选钮组成一组，我们只能选择其中之一，从而完成某种设置。被选中的单选钮呈 ◉ 显示，未被选中的单选钮呈 ○ 显示。例如，在图 2-12 右图所示的对话框中，便有和"域"和"工作组"两个单选钮，用来设置计算机网络类型。

几乎所有对话框中都有"确定"、"取消"和"应用"按钮，其中，单击"确定"按钮可使对话框中所做的设置生效并关闭对话框，单击"应用"按钮可使设置生效而不关闭对话框，单击"取消"按钮将取消操作并关闭对话框。这里我们单击"确定"按钮，回到"系统 属性"对话框。

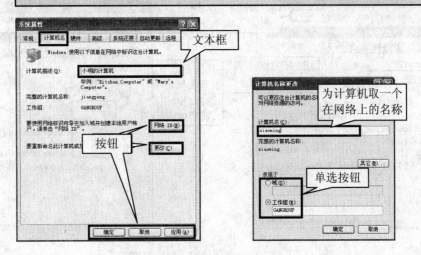

图 2-12　文本框和命令按钮

➢ **复选框：**用于设定或取消某些项目，如图 2-13 所示。单击□可选中复选框，此时方框变为☑形状；再次单击☑可以取消选择。

➢ **列表框：**用于以列表的形式显示某些设置的可选择项。列表框中以反白显示的选项处于选中状态，要选择其他选项，可单击选取。例如，当在任务栏右侧出现"D驱动器空间不足"的提示时，可参照图 2-13 所示进行设置来解决问题。

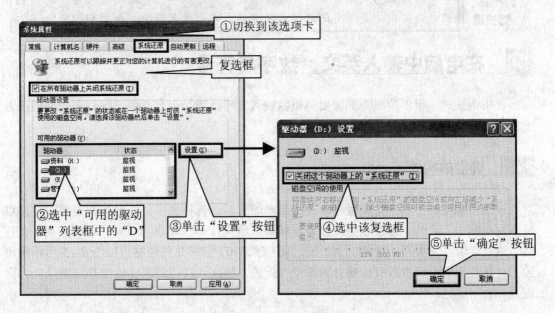

图 2-13　复选框和列表框

> **下拉列表框：**下拉列表框的作用与列表框相似。不同的是，下拉列表框只显示一个当前选项，需要单击其右侧的三角按钮✓打开下拉列表，然后选择其他选项。例如，可通过图 2-14 所示的操作，选择自动更新操作系统的时间。

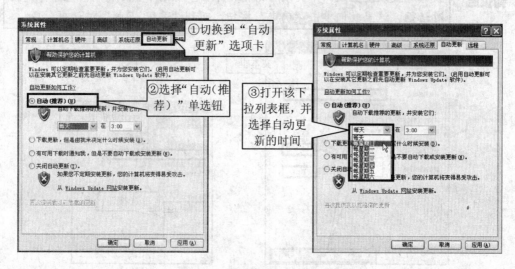

图 2-14　单选钮和下拉列表框

> **求助按钮：**在某些对话框的右上角有一个▨按钮，利用该按钮可获得一些即时帮助。单击该按钮后，光标将变为▨?，此时单击希望获取帮助信息的项目，即可获得有关该项目的一个简短解释信息。

　　对话框不能象窗口一样进行缩放，但可以单击并拖动对话框标题栏来移动对话框。至于关闭对话框的方法，可参考本节上一个"知识库"。

2.4　在电脑中输入英文、数字与符号

　　使用电脑时，很多情况下都需要向电脑输入文字，例如命名文件、编写电子文档或者上网聊天等。本节便介绍如何向电脑中输入文字。

2.4.1　键盘的构成

　　在操作电脑时，键盘是除鼠标外使用最多的工具，各种文字、符号等都需要通过键盘输入到电脑中。此外，键盘还可以代替鼠标快速地执行一些命令。

　　目前，键盘主要有 101 键、102 键、104 键、107 键等几种规格。以图 2-15 所示常用的 104 键盘为例，键盘所有按键分为 5 个区：输入键区、功能键区、特定功能键区、方向键区和数字键区。

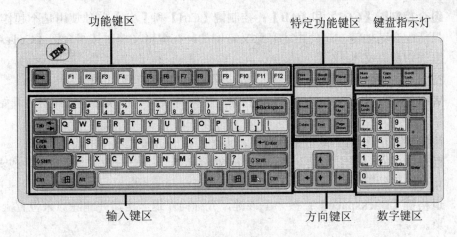

图 2-15 键盘的组成

1. 输入键区

输入键区主要用于输入文字、符号和一些命令参数，包括字符键和控制键两大类。字符键主要包括英文字母键、数字键、标点符号键三类，按下它们可以输入相应字符。控制键主要用于辅助执行某些特定操作，图 2-16 标出了常用控制键的名称。

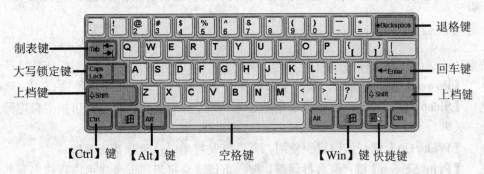

图 2-16 输入键区

> **制表键【Tab】**：编辑文档时，按一下该键将使光标向右移动一个制表位（默认为 8 个英文字符的宽度）。

> **大写锁定键【Caps Lock】**：主要用于控制字母的大小写输入。按一下【Caps Lock】键，如果键盘指示灯区的 Caps Lock 灯亮，此时按字母键将输入大写英文字母；再按一下该键，Caps Lock 灯灭（恢复正常状态），此时按字母键将输入小写英文字母。

> **上档键【Shift】**：又称为换档键。用于与其他字符、字母键组合，输入键面上有两种字符的上档字符。例如，要输入 "！" 号，应在按住【Shift】键的同时按一下⊡键；如果直接按一下⊡键，则会输入其下档字符 "1"。

➢ **组合控制键【Ctrl】和【Alt】**：控制键【Ctrl】和【Alt】单独使用是不起作用的，只能配合其他键一起使用才有意义。例如，在编辑文档时按组合键【Ctrl+A】可以选中所有文本。

➢ **空格键**：按一下该键输入一个空格，同时光标右移一个字符。

➢ **Win 键** ⊞：标有 Windows 图标的键，任何时候按一下该键都将弹出"开始"菜单。

➢ **快捷键** ▣：相当于单击鼠标右键，因此，按一下该键将弹出快捷菜单。

➢ **回车键【Enter】**：主要用于结束当前的输入行（另起一段）或命令行，或者接受某种操作结果。

➢ **退格键【Backspace】**：按一下该键，光标向左退一格，并删除原来位置上的对象。

2. 功能键区

功能键位于键盘的最上方，主要用于完成一些特殊的任务和工作，其具体功能如下。

➢ **【F1】～【F12】键**：这 12 个功能键，在不同的应用程序中有各自不同的定义。例如在大多数应用程序中，按一下【F1】键都可打开程序的"帮助"文档。

➢ **【Esc】键**：该键为取消键，按一下该键将放弃当前的操作或退出当前程序。

3. 特定功能键区

特定功能键区中各按键的作用如下：

➢ **【Power】键**：电源键，按一下该键将关闭电脑。

➢ **【Sleep】键**：按一下该键将使电脑进入待机状态，若想唤醒电脑可按主机电源开关。

➢ **【Wake Up】键**：该键很少使用，其功能是将电脑从睡眠状态唤醒。

➢ **【Print Screen】键**：屏幕打印键，按一下该键会将当前屏幕显示内容输出到剪贴板或打印机。

➢ **【Scroll Lock】键**：在 DOS 系统中用于使屏幕停止滚动，在 Windows 操作系统中基本不用，我们可通过 Scroll Lock 指示灯来查看该键的操作状态。

➢ **【Pause Break】键**：使正在滚动的屏幕停下来，或者中止某一程序的运行。

➢ **【Insert】键**：插入键，默认是"插入"状态，按一下该键会进入"改写"（当前输入会覆盖光标后的内容）状态，多用于文本编辑操作。

➢ **【Home】键**：首键，编辑文档时按一下该键会使光标移动到当前行的行首。

➢ **【End】键**：尾键，编辑文档时按一下该键会使光标移动到当前行的行尾。

➢ **【Page Up】键**：上翻页键，按一下该键会显示前一页的信息。

➢ **【Page Down】键**：下翻页键，按一下该键会显示后一页的信息。

➢ **【Delete】键**：删除键，删除光标右侧的字符。

4. 方向键区

方向键主要用于移动光标，各方向键的具体功能如下：

➢ 【←】键：将光标左移一个字符。

➢ 【↓】键：将光标下移一行。

➢ 【→】键：将光标右移一个字符。

➢ 【↑】键：将光标上移一行。

5. 数字键区

数字键区位于键盘的右下角，也叫小键盘区，主要用于快速输入数字，输入时只需右手单手操作即可，方便财会和银行工作人员。

➢ **【Num Lock】键**：用于控制数字键区上下档的切换。按一下【Num Lock】键，如果 Num Lock 指示灯亮，则表示此时可输入数字，再次按一下此键，Num Lock 指示灯灭，此时只能使用下档键。

➢ **双字符键（0～9）**：当 Num Lock 指示灯亮时，按下双字符键可输入数字。

➢ **运算符号键**：按这些键可输入相应的符号。例如，按一下【+】键可输入运算符"+"。

➢ **【Del】键**：当 Num Lock 指示灯亮时，按一下该键可输入句号，否则其功能与【Delete】键一样。

➢ **其他键**：其他键的作用与特定功能键区的对应键相同。

2.4.2　基准键位和手指分工

由于键盘使用非常频繁，因此，使用键盘时保持正确的姿势和按键指法非常重要，否则将影响用户的输入速度，且极易疲劳。

正确的打字姿势是：上臂和肘靠近身体，下臂和腕略向上倾斜，与键盘保持相同的斜度。手指微曲，轻轻放在与各手指相关的基准键位上，座位的高低应便于手指操作，双脚踏地。为使身体得以平衡，坐时应使身体躯干挺直并略微前倾，全身自然放松，如图 2-17 所示。

1. 基准键位

基准键位是指【A】、【S】、【D】、【F】、【J】、【K】、【L】和【;】8 个键，操作键盘时，应首先将各手指放在与其对应的基准键位上，如图 2-18 所示。

知识库

正确的打字方法是"触觉打字法"，又称"盲打法"。所谓"触觉"，是指打字时敲击键盘按键靠手指的感觉而不是靠用眼看的"视觉"。采用触觉打字法，能做到眼睛看稿件，手指管打字，各司其职，通力合作，从而大大提高打字的速度。

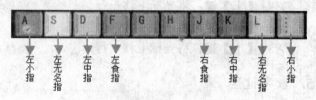

图 2-17　正确的打字姿势　　　　　　　图 2-18　基准键位

2. 手指分工

在基准键位的基础上，对于其他字母、数字、符号等按键都采用与基准键位相对应的位置来记忆，其目的是使手指分工操作，便于记忆。操作键盘时，应严格按照键盘指法分区的规定敲击按键，如图 2-19 所示。

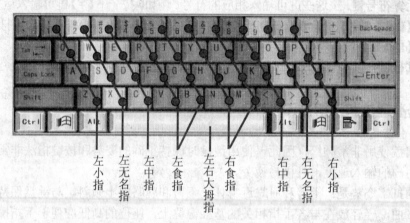

图 2-19　手指分工

经验之谈

　　两手大拇指专按空格键，当左手敲击字符键后，需输入空格时，用右手大拇指击空格键；反之，当右手敲击字符键后，则用左手大拇指敲击空格键。

　　如果需要输入由左手负责按键的上档键或英文大写字母，可用右手小指按右【Shift】键。否则，如果需要输入由右手负责按键的上档键或英文大写字母，可用左手小指按左【Shift】键。

3. 数字键区的指法

数字键区主要用于数字的输入，输入时只需右手单手操作即可。

数字键区的基准键是【4】、【5】、【6】、【+】，操作时应将右手手指放在基准键位上，如图 2-20 所示。手指分工为：大拇指负责按【0】键，食指负责按【1】、【4】、【7】等按键，中指负责按【2】、【5】、【8】、【/】等按键，无名指负责按【3】、【6】、【9】、【*】等按键，小拇指负责按【+】、【-】、【Enter】等按键，如图 2-21 所示。

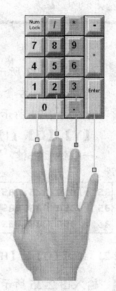

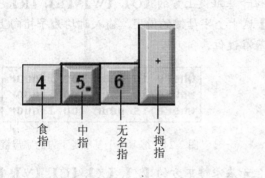

食指　中指　无名指　小拇指

图 2-20　数字键区基准键位　　　　图 2-21　数字键区手指分工

4. 击键方法

打字时，手指微曲成弧形，轻放在与各手指相关的基准键位上，手腕悬起不要压在键盘上，击键时是通过手指关节活动的力量轻击键位，而不是用肘和腕的力量。另外，只有在要击键时，手指才可伸出击键，击毕立即缩回到基准键位上。

打字时要有节奏、有弹性，不论快打、慢打都要合拍。初学时应特别重视落指的正确性，在正确和有节奏的前提下，再求速度。

2.4.3 击键练习——使用记事本输入一篇英文文章

下面通过在"记事本"程序中输入一篇英文文章来练习键盘操作。

Step 01 打开"开始"菜单，选择"所有程序">"附件">"记事本"菜单，启动"记事本"程序。

Step 02 练习基准键位和空格键的使用。将手指轻放在 8 个基准键位上，固定手指位置，从左手至右手，首先用左小指连击 4 次指下的键，拇指击两次空格键，依此类推，输入效果如图 2-22 左图所示。

Step 03 输入图 2-22 右图所示字符，进一步熟悉基准键位的指法。在换行时用右手小指击【Enter】键。

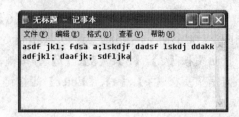

图 2-22　基准键位指法练习

Step 04　输入图 2-23 所示字符，练习【G】、【H】键。【G】、【H】两个键相对应的手指是左食指、右食指。输入完 G、H 字符后，手指必须马上回到相关基准键位上。

Step 05　输入图 2-24 所示字符，练习位于基准键上方的【Q】、【W】、【E】、【R】、【T】、【Y】、【U】、【I】、【O】、【P】这十个字母键的使用。输入时均为手指向上移动一个键位击键，然后再回到基准键位。

```
as flash has gas
as flash has gas
as flash has gas
```

```
where is your top liquor
where is your top liquor
where is your top liquor
```

图 2-23　练习【G】、【H】键　　　　　图 2-24　练习位于基准键上方的字母键

Step 06　输入图 2-25 所示字符，练习位于基准键下方的【Z】、【X】、【C】、【V】、【B】、【N】、【M】这七个字母键的使用。输入时均为手指向下移动一个键位击键，然后再回到基准键位。

Step 07　输入图 2-26 所示字符，练习左【Shift】键的使用。在输入大写字母时用左小指按左边的【Shift】键，输入完后放开左小指回到基准键【A】上。

```
mvoe bon comn xox xcnv bz
mvoe bon comn xox xcnv bz
mvoe bon comn xox xcnv bz
```

```
JQ Schwartz flung DVPile my box
JQ Schwartz flung DVPile my box
JQ Schwartz flung DVPile my box
```

图 2-25　练习位于基准键下方的的字母键　　　图 2-26　练习左【Shift】键

Step 08　输入图 2-27 所示字符，练习右【Shift】键的使用。在输入大写字母时用右小指按右边的【Shift】键，输入完后放开右小指回到基准键【;】上。

Step 09　输入图 2-28 所示字符，练习【Caps Lock】键的使用。首先按一下【Caps Lock】键，输入大写字母，当要输入小写字母时再按一下【Caps Lock】键恢复正常输入。

```
Waltz Nymph For Quick Jigs Vex Bud
Waltz Nymph For Quick Jigs Vex Bud
Waltz Nymph For Quick Jigs Vex Bud
```

```
JACKDAWS LOVE MY BIG SPHINX OF QUARTZ
JACKDAWS LOVE MY BIG SPHINX OF QUARTZ
JACKDAWS LOVE MY BIG SPHINX OF QUARTZ
```

图 2-27　练习右【Shift】键　　　　　图 2-28　练习【Caps Lock】键的使用

Step 10 输入图 2-29 所示字符，练习符号和数字的输入。符号键大多都是一些双字符键，输入位于上方的符号时需在按住【Shift】键的同时击打该键。

```
1 2 3 4 5 6 7 8 9 0        .
- = [ ] \ ' , . /
< > { } | ! @ # $ % ^ & * ( ) _ +
```

图 2-29　输入数字和符号

Step 11 输入图 2-30 所示的一篇英文文章，综合练习键盘指法。

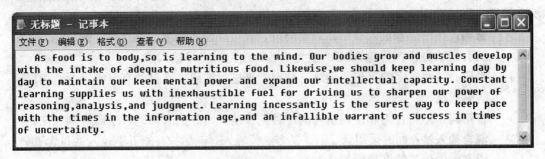

图 2-30　输入英文文章

Step 12 输入文章后，选择"文件" > "保存"菜单，在弹出的"另存为"对话框的"文件名"文本框中输入文件名称 test，然后单击"保存"按钮，保存文档，如图 2-31 所示。

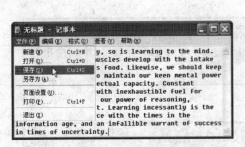

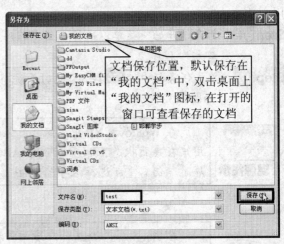

图 2-31　保存英文文章

　　无论是"记事本"还是下节将要介绍的"写字板"程序，都是 Windows XP 自带的文字处理程序。其中，利用"记事本"可以编辑一些纯文本格式的小文档；利用"写字板"可以编辑具有多种格式的文档。

2.5　在电脑中输入中文

要在电脑中输入汉字，需要使用汉字输入法。在安装 Windows XP 时已自动安装了微软拼音、全拼、智能 ABC 等多种汉字输入法。用户也可以自己安装其他的输入法。

2.5.1　汉字输入法的分类和特点

众所周知，汉字是由字的音、形、义来共同表达的。因此，各种汉字输入法也是基于汉字的音、形、义开发的。目前，常用的汉字输入法主要有以下几类：

➢ **音码**：按照拼音输入汉字，只要会拼音就可以输入汉字，不需要特殊记忆。常见的有微软拼音、智能 ABC、紫光拼音、搜狗拼音等输入法。

➢ **形码**：按照汉字的字形（笔画、部首）来进行编码。常见的有五笔字型、表形码等输入法。

➢ **音形码**：是将音码和形码结合的一种输入法。常见的有郑码、丁码等输入法。

➢ **混合输入法**：同时采用音、形、义多途径输入。例如：万能五笔输入法包含五笔、拼音、中译英等多种输入法。

2.5.2　使用智能 ABC 输入法输入一篇散文

智能 ABC 输入法是 Windows XP 自带的一款基于拼音的汉字输入法，下面介绍它的使用方法。

Step 01　打开"开始"菜单，选择"所有程序" > "附件" > "写字板"菜单，启动"写字板"程序。

Step 02　单击任务栏中的 █ 按钮，此时系统将打开输入法菜单，选择智能 ABC 输入法，如图 2-32 所示。

在 Windows XP 中，汉字输入状态与应用程序是相关联的。例如，当用户在桌面状态下选择了智能 ABC 输入法，当转至写字板或其他应用程序时，仍需重新选择汉字输入法。

在 Windows XP 工作环境中可按【Ctrl+Shift】组合键启动汉字输入法。按住【Ctrl】键并反复按【Shift】键还可在各种汉字输入法和英文输入法状态之间切换。此外，用户还可使用【Ctrl+空格】组合键来启动或关闭汉字输入法。

Step 03　选择"智能 ABC"输入法后将显示此输入法的提示条，如图 2-33 所示（其他输入法的提示条与此类似）。"智能 ABC"输入法提示条上除了显示当前输入法外，还有若干按钮，下面介绍这几个按钮的含义。

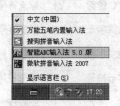

输入法名称　　　半角/全角切换　　中英文标点切换

中英文切换　　　　　　打开/关闭软键盘

图 2-32　选择所需输入法　　　　　　图 2-33　"智能 ABC"输入法提示条上各按钮的名称

➤ 　：中英文切换按钮。单击 按钮，当其变为 状态时可输入英文。单击 按钮可返回中文输入状态。

➤ 标准：表示当前为全拼输入状态，单击可切换成双拼。

➤ 　：半角和全角切换按钮。用于切换英文字符的半角和全角状态。通常情况下，用户输入的英文字符都为半角形式，即其宽度是变化的，例如，"A"、"I"等字符的宽度是不一样的。但有时为了对齐的需要，用户可能希望中英文字体同宽（此时所有英文字符自然也同宽），则可通过单击该按钮转至全角形式，如图 2-34 所示。

半角：ABCDEFGHIJK

全角：Ａ Ｂ Ｃ Ｄ Ｅ Ｆ Ｇ Ｈ Ｉ Ｊ Ｋ

图 2-34　英文字符的半角与全角形态

➤ 　：中英文标点切换按钮。除单击此按钮外，还可按【Ctrl+ 】组合键来切换中英文标点。通常情况下，如果用户创建的是中文文档或中英文混合文档，可选用全身标点 ，即每个标点符号均占用一个字宽（称为全身标点）。如果用户编制的是纯英文文档或包含了英文段落，则可切换至英文标点 。

如果切换至英文标点方式，按 键时输入的不再是句号"。"而是"."，按 键时输入的也不再是单引号或双引号，而是"'"或""″号。

➤ 　：软键盘（又称模拟键盘或动态键盘）开关按钮。当用户单击该按钮时，系统将打开一软键盘，如图 2-35 所示。用户可通过单击软键盘上的按键来输入一些特殊符号。同时，为了便于用户输入数学符号、拼音符号、单位符号、数字序号、标点符号等，系统提供了多种形式的软键盘，要在这些软键盘中进行选择，可右击 按钮，然后从打开的快捷菜单中选择所需的菜单项，如图 2-36 所示。

Step 04 输入"发现"的拼音"faxian"，如图 2-37 左图所示。然后按一下空格键，效果如图 2-37 右图所示。确认输入框中的文字与所需相符后，按一下空格键完成输入。

Step 05 如果输入框中的文字与所需不符，可在按空格键后会出现的文字候选窗格中选择所需汉字（参见图 2-38），只需按一下字符前数字代表的键（按空格键表示选择第 1 个字符）即可。下面是使用智能 ABC 输入法输入汉字时的常用操作。

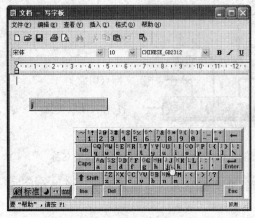

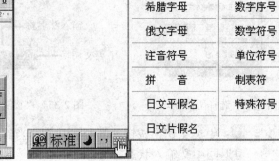

图 2-35　利用软键盘输入字符　　　　　　　图 2-36　右击选择软键盘类型

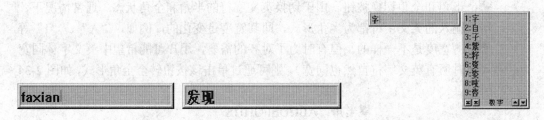

图 2-37　输入汉字　　　　　　　　　　　图 2-38　选择汉字

> **【V】键：**使用智能 ABC 输入法输入汉字时，汉语拼音ü在键盘上的代替键为【V】。

> **空格键：**在输入完文字编码后，按一下空格键，系统将按词组转换编码，转换完毕后，当需要输入的字符位于文字候选窗格第 1 个字符时，可按一下空格键输入。

> **【Enter】键：**输入完文字编码后，如果按【Enter】键，系统将按单字转换编码。例如，输入"zhongguo"编码后，如果按一下空格键，系统将在输入框中显示"中国"，再按一下空格键，可输入"中国"两字；如果按一下【Enter】键，系统将在输入框中显示"中 guo"，再按一下【Enter】键，输入框中将显示"中过"，按"2"键可输入"中国"两字。

> **【1】～【9】数字键：**如果要输入的汉字在文字候选窗格中不是第 1 个，则需要按相应的数字键输入。

> **【＋】和【－】键：**如果希望选择的单字或词组没有出现在文字候选窗格中，可按【＋】键向后查找，按【－】键向前查找。

> **【PageUp】、【PageDown】、【Home】或【End】键：**在文字候选窗格中，也可按【PageUp】键向前翻页，按【PageDown】键向后翻页，按【Home】键翻至首页，按【End】键翻至末页。

Step 06　用智能 ABC 输入法在"写字板"中输入图 2-39 所示的散文内容。注意换行需要按【Enter】键。

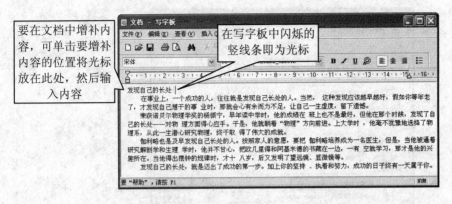

要在文档中增补内容，可单击要增补内容的位置将光标放在此处，然后输入内容

在写字板中闪烁的竖线条即为光标

图2-39 输入诗歌内容

要删除文档中不再需要的内容,可首先用鼠标单击要删除内容的右侧,将光标放置在该位置，然后按【BackSpace】键删除光标左侧的字符（按【Delete】键可删除光标右侧的字符）。如果要删除的内容较多，可将光标置于要删除文本的开始处，按住鼠标左键不放，拖动鼠标至要选定文本的末端，释放鼠标左键，可选中鼠标框选的内容，然后执行删除操作。

Step 07 输入文章后，我们可对文章进行简单编辑，例如要设置文章标题的字体大小、字体样式、对齐方式等，首先需要选中文章标题（参见图2-40左图），然后在"字体"下拉列表中选择一种字体，如"黑体"，在"字号"下拉列表中选择一种字号，如16号，单击"居中"按钮，居中显示标题，如图2-40右图所示。

Step 08 用设置文章标题的方法也可设置文章的其他文本，读者可自行设置，设置完毕后，选择"文件" > "保存"菜单，或者单击"保存"按钮🖫，打开"保存为"对话框。

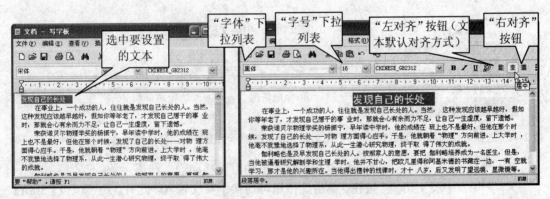

选中要设置的文本

"字体"下拉列表

"字号"下拉列表

"左对齐"按钮（文本默认对齐方式）

"右对齐"按钮

图2-40 设置标题样式

Step 09 在"保存为"对话框的"文件名"文本框中输入文档名称"一篇散文"，然后单击"保存"按钮，保存文档，如图2-41所示。

图 2-41　保存文档

2.5.3　使用其他输入法

除了 Windows XP 提供的输入法外，用户也可以使用其他汉字输入法输入汉字，例如，我们可以使用目前应用最为广泛的搜狗拼音输入法输入汉字，具体操作如下。

> 　　　　对于电脑中没有安装的输入法，如搜狗拼音、五笔字型输入法等，要使用它们，则需要先将其安装到电脑中（参考 6.2 节内容）。

Step 01　启动"写字板"程序，单击任务栏中的 ⌨ 按钮，在打开的输入法菜单中选择搜狗拼音输入法，如图 2-42 所示。

Step 02　选择输入法后将显示输入法提示条。它与智能 ABC 输入法的提示条相似，如图 2-43 所示。下面介绍一下输入法提示条上不同按钮的作用。

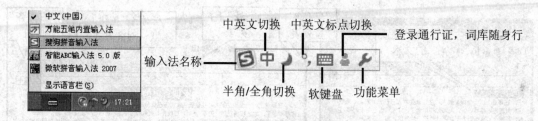

图 2-42　选择"搜狗拼音输入法"　　　图 2-43　输入法提示条上各按钮的名称

> ➤ 🅢：输入法名称。单击输入法名称并拖动可以移动输入法提示条。

> ➤ 中："中英文切换"按钮。单击此按钮可切换中英文输入。此外，还可以按【Shift】键切换中英文输入。

> ➤ 👤：登录通行证。单击此按钮会弹出搜狐通行证登录对话框，如图 2-44 所示。

> ➤ 🔧："功能菜单"按钮，单击此按钮会打开一个功能菜单，单击菜单中的某一项可使用相应的功能，如图 2-45 所示。

图 2-44 搜狐通行证

图 2-45 搜狗拼音输入法"功能菜单"

Step 03 用搜狗拼音输入法在"写字板"中输入图 2-46 所示的短文内容。

> **感动**
>
> 很喜欢简爱的这句话：我卑微，贫穷，不美丽，但当我们的灵魂穿过坟墓站在上帝面前时，我们是平等的。曾经，生活的苦难，洗去我少年的青涩与无知。曾经，自己是那深宵时孤独的行人，在这广漠的宇宙中踽踽独行。一路悲歌，一路梦，但我一直努力追求精神上的富有，从未止步。我始终坚信，岁月的坎坷和生活的磨砺必将成为我这一生耀眼的印记和无法穷尽的财富。的确，一个人能走多远？这只能问意志，一个人能攀多高？这只能问勇气。风雨兼程，回头而望，这一路的风雨跋涉让我的人生愈加丰富而充实，那些陌生而熟悉的感动在我的心中依旧奔腾着，充盈着。雨中撑起的伞，冬日里的一缕暖阳，黑暗中紧握的双手，都随时间的流逝在我的印象里愈加鲜明深刻，成为一片破晓的霞光，一种骄傲和平静。

图 2-46 输入短文内容

2.5.4 设置输入法属性

在 Windows XP 中，我们可以添加或删除已安装的输入法，还可以设置输入法的属性，具体操作如下。

Step 01 右击任务栏中的输入法指示器▦，在弹出的快捷菜单中单击"设置"，打开"文件服务和输入语言"对话框，如图 2-47 所示。

Step 02 要添加输入法，可在"文件服务和输入语言"对话框中单击"添加"按钮，打开"添加输入语言"对话框。在"键盘布局/输入法"下拉列表中选择要添加的输入法，如图 2-48 所示。

Step 03 单击"确定"按钮，回到"文件服务和输入语言"对话框，再单击"确定"或"应用"按钮，即可添加选定的输入法。

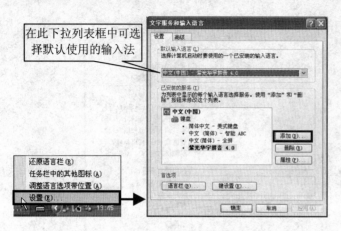
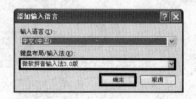

图 2-47 打开"文字服务和输入语言"对话框   图 2-48 "添加输入语言"对话框

Step 04 在"文件服务和输入语言"对话框中选择要删除的输入法，单击"删除"按钮，再单击"确定"或"应用"按钮，可将所选输入法删除。

Step 05 要设置输入法的属性，首先需要在"文字服务和输入语言"对话框中选择要设置的输入法，本例选择"中文（简体）——智能 ABC"，然后单击"属性"按钮，如图 2-49 左图所示。

Step 06 在弹出的输入法属性对话框中设置输入法属性。例如，设置智能 ABC 输入法的风格为光标跟随，然后单击"确定"按钮，如图 2-49 右图所示。

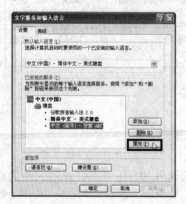

图 2-49 设置智能 ABC 输入法的属性

综合实例——在写字板中输入一篇文章并简单编辑

下面通过在"写字板"中输入一篇文章并简单编辑为例，介绍键盘操作和汉字输入。

制作思路

本例主要练习文本输入与编辑。首先启动"写字板"程序，然后调整写字板窗口的大小和位置，接着输入一篇文章，并对文章内容进行格式设置、文本复制与剪切等操作，最后将文档保存。

制作步骤

Step 01 启动"写字板"程序。适当调整写字板窗口的大小和位置，然后选择"智能 ABC"输入法。

Step 02 输入图 2-50 所示内容，然后参考 2.5.2 节 "Step 07"、"Step 08" 和 "知识库" 内容，设置文章标题的字体为 "宋体"、16 号字、加粗（单击 "加粗" 按钮 **B** 即可，要取消加粗效果，可再次单击 **B** 按钮）、并居中显示；设置文章正文的字体为 "宋体"、10 号字，其中标题 "一"、"二"、"三" 加粗显示。

Step 03 要复制文本，可在选中要复制的文本后（参见图 2-50），右击所选文本，从弹出的快捷菜单中选择 "复制"，或者按【Ctrl+C】组合键。

如果要剪切选中的文本，可选择"编辑">"剪切"菜单，或者按【Ctrl+V】组合键。复制文本后，原位置仍保留着复制的文本；剪切文本后，原位置不再保留文本。我们在进行网络聊天或写邮件等操作时，也可以使用此方法复制或移动文本。

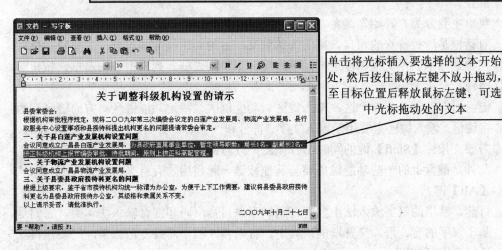

图 2-50 输入文章内容

Step 04 单击将光标定位在要粘贴文本的位置，然后右击鼠标，从弹出的快捷菜单中选择 "粘贴"，或者按【Ctrl+V】组合键，粘贴所复制的文本，如图 2-51 所示。

Step 05 文章编辑完毕后，单击 "保存" 按钮 🖫，在弹出的 "保存为" 对话框中将文档命名为 "请示"，然后保存。

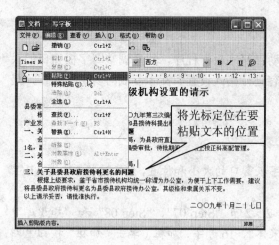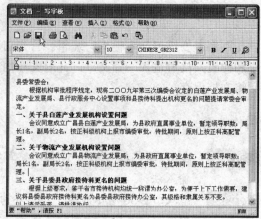

图 2-51　粘贴文本

本章小结

通过本章的学习，读者应该重点掌握以下知识：

➢ "我的电脑"窗口由标题栏、菜单栏、工具栏、地址栏、任务窗格、滚动条、工作区和状态栏组成，其他窗口的组成部件与之类似。

➢ 通过拖动窗口的边框或边角可以改变窗口的大小；拖动窗口标题栏可移动窗口的位置。

➢ 菜单主要分为"开始"菜单、鼠标右击出现的快捷菜单和窗口菜单三种类型。

➢ 对话框是一种特殊的窗口，用于为达到某一目的而进行参数设置，主要包括标题栏、选项卡、预览框、复选框、单选钮、下拉列表框、列表框与编辑框、按钮等组件。

➢ 键盘所有按键分为 5 个区：输入键区、功能键区、特定功能键区、方向键区和数字键区。输入键区主要用于输入文字、符号和一些命令参数，在输入上档字符时，需要在按住【Shift】键的同时击打该键；方向键用于控制鼠标光标的移动方向。此外，键盘上的一些功能键需要与其他按键一起使用才有意义，如【Ctrl】键、【Alt】键。

➢ 目前，常用的汉字输入法主要有音码、形码、音形码和混合输入法 4 类。它们是基于汉字的音、形、义开发的，其中，音码输入法不需要专门去学，只要懂得汉语拼音即可使用。

➢ 要输入汉字，必须先选择一种汉字输入法，通常我们可以用【Ctrl+Shift】组合键来快速切换输入法。另外，每一个汉字输入法都包含输入法提示条，利用上面的按钮可以切换中英文标点、中英文输入状态、英文字符的半角和全角等。

思考与练习

一、填空题

1. 窗口菜单通常由＿＿＿＿＿、＿＿＿＿＿和＿＿＿＿＿组成。
2. 键盘所有按键分为 5 个区：＿＿＿＿、＿＿＿＿＿、＿＿＿＿、＿＿＿＿和＿＿＿＿。
3. 按＿＿＿＿＿＿＿＿键可控制字母的大小写输入。
4. 目前汉字输入法主要分为＿＿＿＿、＿＿＿＿、＿＿＿＿、＿＿＿＿几类。
5. 按＿＿＿＿键可切换中英文输入状态；按＿＿＿＿键可在不同输入法间切换。
6. 使用智能 ABC 输入法时，要切换中/英文标点，除可以单击提示条上的 图标外，还可以按键盘组合键＿＿＿＿＿＿来切换。

二、选择题

1. 下面关于窗口说法错误的是（　　）
   A. 在还原状态下拖动窗口边框可调整其大小
   B. 单击"最小化"按钮可将窗口缩放到任务栏中
   C. 在还原状态下拖动窗口的工具栏可改变其位置
   D. 在还原状态下拖动窗口的标题栏可改变其位置
2. 打开多个窗口后，要循环切换窗口，可按（　　）
   A.【Alt+F4】组合键　　　　　　B.【Alt+Tab】组合键
   C.【Alt+Esc】组合键　　　　　　D.【Alt+F2】组合键
3. 下面关于对话框的说法错误的是（　　）
   A. 在同一对话框中可以同时选中多个复选框
   B. 在文本框中可输入文字
   C. 选项卡用来分页显示对话框的内容
   D. 单击"应用"按钮会应用所做的设置并关闭对话框
4. 要输入键面上有两种字符的上档字符，需要按住（　　）
   A.【Shift】键　　　　　　　　　B.【Ctrl】键
   C.【Alt】键　　　　　　　　　　D.【Tab】键
5. 在"写字板"中输入文字时，如果要换行需要按（　　）
   A.【Alt】键　　　　　　　　　　B.【Ctrl】键
   C.【Enter】键　　　　　　　　　D.【Shift】键

三、操作题

1. 启动"记事本"程序，调整其窗口的大小和位置，然后输入一篇英文文章。
2. 在"写字板"中输入一首唐诗并保存。

第 3 章

Windows XP 系统设置

章前导读

用户在使用电脑进行工作时，经常需要对系统进行设置，例如更改桌面背景、设置屏幕保护程序、调整屏幕分辨率、建立新账户、更改鼠标指针形状等。本章将对这些问题做详细讲解。

3.1 设置任务栏和"开始"菜单

在第 1 章中，我们已经认识了任务栏和"开始"菜单，下面介绍如何设置它们。

3.1.1 设置任务栏

Step 01 在任务栏空白处右击鼠标，在弹出的快捷菜单中单击"属性"（参见图 3-1），将打开图 3-2 所示的"任务栏和「开始」菜单属性"对话框。

Step 02 在"任务栏和「开始」菜单属性"对话框中，选择☑或取消☐某些复选框，便达到了设置任务栏的目的。用户可以根据自己使用电脑的习惯进行选择。

Step 03 选择"锁定任务栏"复选框，可以锁定任务栏。锁定任务栏后，便不可移动、隐藏任务栏。

Step 04 选择"自动隐藏任务栏"复选框，任务栏会在不使用时自动隐藏，这时将鼠标指针放在任务栏处，任务栏又会显示出来。对于某些需要全屏操作的情况，这个功能很有用。

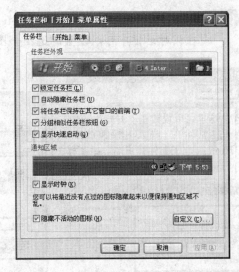

图 3-1　任务栏快捷菜单　　　　　　图 3-2　"任务栏和「开始」菜单属性"对话框

Step 05　默认情况下，系统会对任务指示区中的相似任务按钮进行分组（参见图 3-3），
如果不希望对相似任务栏按钮进行分组，可在"任务栏和「开始」菜单属性"
对话框中，取消"分组相似任务栏按钮"复选框。

图 3-3　分组相似任务按钮

知识库

　　对相似任务按钮进行分组时，如果希望打开某个分组中的任务，可单
击分组任务按钮，然后从弹出的任务列表中通过单击方式选择，如图 3-4
所示；要关闭某一任务，可右击该任务，从弹出的快捷菜单中单击"关闭"。
此外，还可以一次性关闭分组显示的所有窗口，方法是用鼠标右击分组按
钮，从弹出的快捷菜单中单击"关闭组"即可，如图 3-5 所示。

图 3-4　利用分组任务按钮切换窗口　　　　　图 3-5　关闭分组显示的窗口

3.1.2　设置"开始"菜单

Step 01　用鼠标右击任务栏，在弹出的快捷菜单中单击"属性"，打开"任务栏和「开始」
菜单属性"对话框，然后单击"「开始」菜单"标签，切换到"「开始」菜单"
选项卡，如图 3-6 左图所示。

Step 02 单击"自定义"按钮，打开图 3-6 右图所示的"自定义「开始」菜单"对话框，在该对话框中可以设置的选项如图中所示。

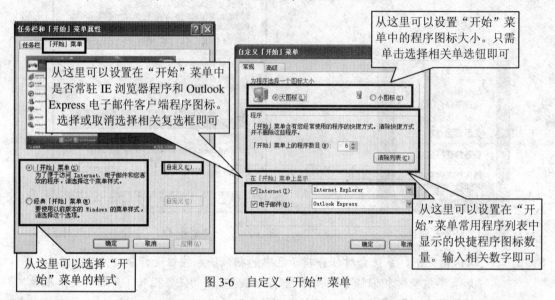

从这里可以设置"开始"菜单中的程序图标大小。只需单击选择相关单选钮即可

从这里可以设置在"开始"菜单中是否常驻 IE 浏览器程序和 Outlook Express 电子邮件客户端程序图标。选择或取消选择相关复选框即可

从这里可以设置在"开始"菜单常用程序列表中显示的快捷程序图标数量。输入相关数字即可

从这里可以选择"开始"菜单的样式

图 3-6 自定义"开始"菜单

Step 03 单击"高级"，切换到"高级"选项卡，如图 3-7 所示。从这里可以设置的选项如图中所示。最后需要在各对话框中依次单击"确定"按钮，应用所作的设置并关闭对话框。

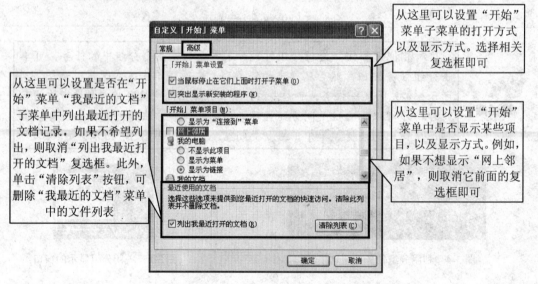

从这里可以设置"开始"菜单子菜单的打开方式以及显示方式。选择相关复选框即可

从这里可以设置是否在"开始"菜单"我最近的文档"子菜单中列出最近打开的文档记录。如果不希望列出，则取消"列出我最近打开的文档"复选框。此外，单击"清除列表"按钮，可删除"我最近的文档"菜单中的文件列表

从这里可以设置"开始"菜单中是否显示某些项目，以及显示方式。例如，如果不想显示"网上邻居"，则取消它前面的复选框即可

图 3-7 设置"开始"菜单高级选项

3.2 设置桌面显示

我们可以对 Windows XP 桌面显示进行设置，包括桌面背景图片，屏幕分辨率、刷新

频率、颜色质量，屏保等，下面分别介绍。

3.2.1　设置个性化的桌面主题

桌面主题决定了桌面上各种可视元素的外观，例如窗口、图标、字体和颜色，并且还可以包括系统声音事件。Windows XP 提供了多个主题，更改桌面主题的方法如下。

Step 01　鼠标右击桌面空白处，在弹出的快捷菜单中单击"属性"（参见图 3-8 左图），打开"显示 属性"对话框。

Step 02　在"显示 属性"对话框的"主题"下拉列表中选择一种主题样式，然后单击"确定"按钮即可，如图 3-8 右图所示。

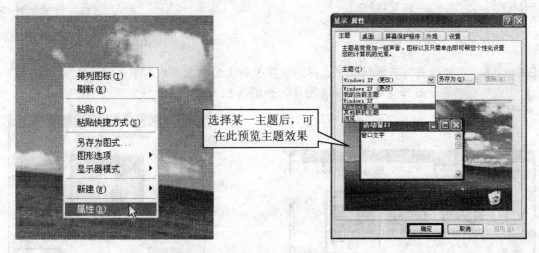

图 3-8　设置桌面主题

3.2.2　设置漂亮的桌面背景

默认情况下，Windows XP 的桌面背景图像是蓝天、白云图案，用户也可以将自己喜爱的图像（相片）设置为桌面背景，具体操作如下。

Step 01　在桌面空白处右击鼠标，在弹出的快捷菜单中单击"属性"，打开"显示 属性"对话框，然后单击切换到"桌面"选项卡，如图 3-9 所示。

Step 02　在"背景"列表框中，系统提供了许多背景图片，单击选择一张图片，对话框上方预览框中将显示该图片的缩览图，单击"应用"按钮，即可将选择的图片设置为桌面背景，如图 3-10 所示。

Step 03　要选择其他图片作为桌面背景，可单击"浏览"按钮，打开"浏览"对话框，在"查找范围"下拉列表中选择图片所在的文件夹，然后在图片列表框中选择用于作为桌面背景的图片，单击"打开"按钮（参见图 3-11），返回"显示 属性"对话框，预览框中将显示所选图片的缩览图。

图 3-9 "桌面"选项卡

图 3-10 选择背景图片

Step 04 在"位置"下拉列表中选择图片在桌面上的放置方式，单击"确定"按钮，即可将桌面背景更换成所选图片，如图 3-12 所示。

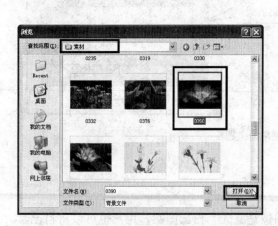

图 3-11 "浏览"对话框

图 3-12 设置图片的显示方式

桌面背景图片有"居中"、"平铺"和"拉伸"3 种放置方式，其中，"居中"表示将图片放置在桌面的中央，"平铺"表示图片通过拼接覆盖整个桌面，"拉伸"表示将图片强制放大到能覆盖整个桌面。

3.2.3 设置屏幕保护程序

电脑显示静态画面的时间过长会灼伤屏幕，降低显示器的使用寿命。在电脑空闲时，使用屏幕保护程序既可以避免显示器局部过热，又能在屏幕上看到精美的画面或者自己正在进行的工作内容。设置屏幕保护的具体操作如下。

Step 01 打开"显示 属性"对话框，单击切换到"屏幕保护程序"选项卡，在"屏幕保护程序"下拉列表框中选择一种屏幕保护模式，例如选择"字幕"，如图 3-13 所示。

Step 02 单击"设置"按钮，打开图 3-14 所示的"字幕设置"对话框。在"字幕设置"对话框中设置所选屏幕保护模式的属性后，单击"确定"按钮，返回"显示 属性"对话框。

Step 03 在"等待"编辑框中设置电脑空闲多长时间后启动屏幕保护程序，系统默认的时间为 20 分钟。

Step 04 单击"确定"按钮，关闭"显示 属性"对话框，设置结束。

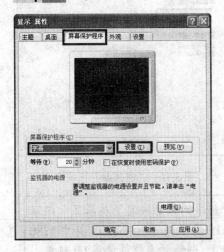

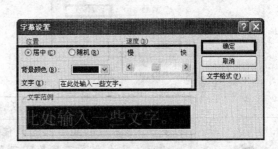

图 3-13　设置屏幕保护程序　　　　　　　　图 3-14　"字幕设置"对话框

　　　　当在设定时间内不对电脑进行操作（移动鼠标和按下键盘上的按键）时，系统将进入屏幕保护程序。要回到操作界面，只需移动一下鼠标或按键盘上的任意键即可。

　　　　在屏幕保护程序运行期间，如果不希望别人恢复电脑的正常状态，可以为屏幕保护程序设置密码。方法是：在"显示 属性"对话框的"屏幕保护程序"选项卡中选择"在恢复时使用密码保护"复选框。屏幕保护程序的密码是当前使用的账户密码（参考 3.3 节内容）。如果没有为账户设置密码，则屏幕保护程序的密码无效。

3.2.4　设置屏幕分辨率、颜色质量和刷新频率

　　在操作电脑的过程中，尤其是新安装 Windows XP 系统后，为了使显示器的显示效果更好，可在 Windows XP 中适当调整屏幕显示分辨率、颜色和刷新频率，具体操作如下。

Step 01 打开"显示 属性"对话框，切换到"设置"选项卡，通过拖动"屏幕分辨率"设置区中的滑块可调整显示分辨率，如图 3-15 所示。

Step 02 打开"颜色质量"下拉列表，可选择所需的颜色质量，如图 3-15 所示。

Step 03 单击"高级"按钮，在打开的对话框中切换到"监视器"选项卡，打开"屏幕刷新频率"下拉列表，可选择一种刷新频率（参见图 3-16），最后依次单击"确定"按钮，完成设置。

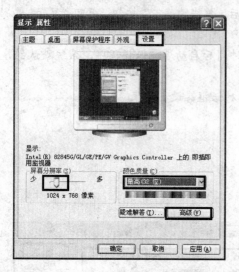

图 3-15 "设置"选项卡

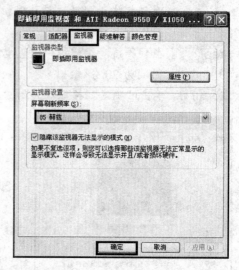

图 3-16 "监视器"选项卡

在显示器屏幕大小不变的情况下，分辨率的大小决定了屏幕显示内容的多少。通常液晶显示器的最佳分辨率为 15 英寸 1024×768，17 英寸 1280×1024（具体设置可参考显示器使用手册），刷新频率推荐使用 60 赫兹。CRT 显示器的最佳分辨率为 17 英寸 1024×768，19 英寸 1280×960，刷新频率推荐使用 85 赫兹。CRT 显示器的刷新频率太低会损坏人的眼睛。

颜色质量决定了屏幕上显示图像的逼真程度，通常取决于显卡的显存容量和分辨率的设置。一般情况下，取最高质量即可，如"最高（32 位）"。

3.3 设置多用户使用环境

在现实生活中，经常会出现多人使用同一台电脑的情况。在这种情况下，如果大家共享一个操作环境，会造成很多不便。例如，一个人安装了某个软件，其他人却根本不用它；一个人设置了自己喜爱的桌面，而另一个人却不喜欢。

Windows XP 提供了多用户操作环境。当多人使用一台电脑时，可以分别为每个人创建一个用户账户，这些用户账户将拥有独立的桌面、收藏夹、最近访问过的站点列表、"我的文档"文件夹、登录密码等，从而使用户之间互不影响。

3.3.1 Windows XP 用户账户的类型

在 Windows XP 系统中，系统提供了三种用户账户类型，各自的特点如下：

➢ **管理员账户：**拥有对电脑使用的最大权利。管理员可以安装、卸载程序或增删硬件，访问电脑中的所有文件，可以管理电脑中的所有其他用户账户。

➢ **受限用户账户：**该类用户账户在使用电脑时将受到某些限制，例如不能更改大多数的系统设置，不能删除重要的文件等。

➢ **来宾账户：**该类用户账户是为那些没有用户账户的人使用电脑而准备的。来宾账户没有密码，所以该用户账户将拥有最小的使用电脑的权利。

3.3.2 创建新用户账户

Windows XP 默认情况下已经有了一个管理员账户。如果是多人使用电脑，可以创建用户账户让其他人使用，具体操作如下。

Step 01 打开"开始"菜单，选择"控制面板"，打开"控制面板"窗口，双击"用户账户"图标（参见图 3-17），打开"用户账户"窗口，单击"创建一个新账户"链接，如图 3-18 所示。

图 3-17　"控制面板"窗口　　　　　　图 3-18　"用户账户"窗口

Step 02 在打开画面中的"为新账户键入一个名称"编辑框中输入新账户的名称，然后单击"下一步"按钮，如图 3-19 所示。

Step 03 在打开的选择账户类型画面中选择账户类型，这里选择"受限"单选钮，然后单击"创建账户"按钮，创建一个用户账户，如图 3-20 所示。

Step 04 完成新用户账户的创建，并返回"用户账户"窗口，此时便可看到所创建的新用户账户，如图 3-21 所示。

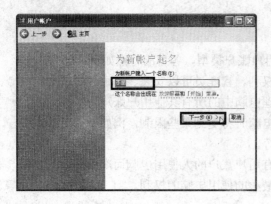

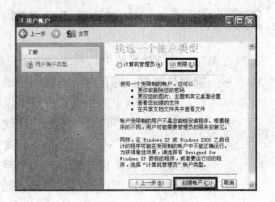

图 3-19 输入账户名称　　　　　　　　　　　图 3-20 选择账户类型

3.3.3 设置用户账户

创建用户账户后，我们可以为其设置密码，还可以对用户账户的名称、显示图片和类型等进行设置，具体操作如下。

Step 01 通过与 3.3.2 节相同的操作进入图 3-21 所示的"用户账户"窗口，在该窗口中单击要创建密码的用户账户，进入用户账户设置画面。

Step 02 单击"创建密码"链接（参见图 3-22），打开创建密码画面。

图 3-21 单击要设置的用户账户　　　　　　图 3-22 单击"创建密码"链接

Step 03 在"输入一个新密码"编辑框中输入要设置的密码，在"再次输入密码以确认"编辑框中再次输入要设置的密码。为了防止忘记密码，可在密码提示编辑框中输入此密码的提示信息。如图 3-23 所示。

Step 04 输入完毕，单击"创建密码"按钮，即可完成用户账户密码的创建。重启电脑后，进入此用户账户时即需要输入密码。

　　用户账户密码不能是中文，必须是英文字母或数字，同时英文字母要区分大小写。

Step 05 要删除用户账户密码，可通过与上述相同的操作进入"用户账户"窗口。单击要删除密码的用户账户，在打开的用户账户设置画面中单击"删除密码"链接，如图 3-24 所示。

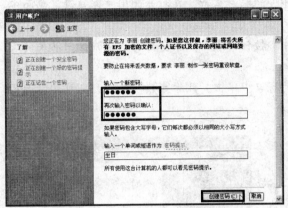

图 3-23　创建密码

图 3-24　单击"删除密码"链接

　　如果已为用户账户创建了密码，则用户账户操作窗口还将显示"更改密码"链接，单击它可更改密码，如图 3-24 所示。

Step 06 在打开的图 3-25 所示的用户账户设置画面中单击"删除密码"按钮即可。

Step 07 我们还可以对用户账户的名称、显示图片和类型等进行设置。例如，要更改用户账户名称，可打开图 3-24 所示的用户账户设置画面，单击"更改名称"链接。

Step 08 在打开的画面中输入新的账户名称，然后单击"改变名称"按钮，如图 3-26 所示。

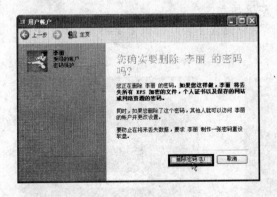

图 3-25　删除用户账户密码

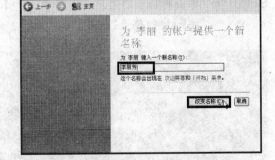

图 3-26　更改用户账户名称

Step 09 返回用户账户设置画面，此时可以看到，原账户名称已发生了改变。按照相同的方法可以继续对其他项目进行更改，例如更改用户账户图片、类型等。

3.3.4 删除用户账户

如果有些用户账户已经不需要使用了，可以将其删除，具体操作如下。

Step 01 在"用户账户"窗口中单击要删除的账户名称，在打开的用户账户设置画面中单击"删除账户"链接。

Step 02 在打开的画面中单击"删除文件"按钮，表示删除全部与该用户账户相关的文件，如图 3-27 左图所示。

Step 03 在打开的询问确实要删除账户的窗口中单击"删除账户"按钮，即可删除选定的用户账户，如图 3-27 右图所示。

图 3-27　删除用户账户

3.3.5 多用户的登录、注销和切换

下面介绍登录、注销和切换 Windows XP 用户账户的方法。

Step 01 当电脑中有多个用户账户，或设置了账户密码时，启动电脑，会出现一个欢迎界面让你选择要登录的用户，如图 3-28 所示。

Step 02 单击要登录的用户便可登录。如果该用户设置了密码，则需要输入密码，并单击 按钮登录，如图 3-29 所示。

图 3-28　单击需要登录的用户便可登录　　　　图 3-29　需要输入密码的用户

Step 03 Windows XP 有快速用户切换功能，可以在不关闭正在运行程序的情况下，允许其他人以另一用户账户登录并使用这台电脑。使用完毕，再重新切换到原来登录的账户工作环境下，继续工作，而不必重新启动电脑。操作方法是：打开"开始"菜单，单击"注销"，如图 3-30 左图所示。

Step 04 在弹出的"注销 Windows"对话框中单击"切换用户"按钮，如图 3-30 右图所示。

图 3-30 切换用户账户

同时按下键盘上标有小旗的 Windows 徽标键和【L】键，也可快速切换到 Windows 登录界面。

Step 05 打开 Windows 登录界面，如图 3-28 所示。这时单击选择需要登录或切换的用户账户，即可用该用户账户登录到 Windows XP，并可以在该用户账户使用环境下进行各种操作。

Step 06 如果要注销某个已经登录的用户账户，则可在图 3-30 右图所示的"注销 Windows"对话框中单击"注销"按钮，然后在 Windows 登录界面中选择一个用户账户登录即可。注销用户账户会关闭当前账户中所有运行的程序。

3.4 其他 Windows XP 系统设置

下面我们介绍 Windows XP 系统的其他一些常用设置。例如，设置日期和时间、鼠标、电脑音量、字体等。

3.4.1 设置日期和时间

设置系统日期和时间的具体操作如下。

Step 01 双击任务栏提示区中的时间指示（参见图 3-31），打开"日期和时间 属性"对话框。

Step 02 在"时间和日期"选项卡中可以查看和设置日期和时间，如图 3-32 所示。

Step 03 设置结束后，单击"确定"按钮，保存设置。

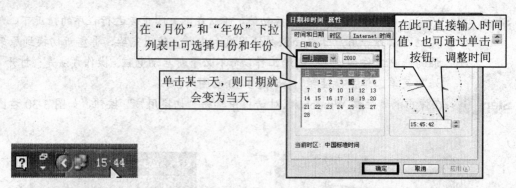

在"月份"和"年份"下拉列表中可选择月份和年份

单击某一天，则日期就会变为当天

在此可直接输入时间值，也可通过单击按钮，调整时间

图 3-31　任务栏提示区中的时间指示　　　　　　图 3-32　"时间和日期"选项卡

3.4.2　设置鼠标属性

　　鼠标是用户操作电脑的最重要工具。因此，适当地设置鼠标属性，可以使我们更容易操作电脑。例如，切换鼠标左右键，从而让习惯用左手的人轻松操作电脑；设置鼠标指针的移动速度，从而让鼠标指针指向更加精确。鼠标的设置方法如下。

Step 01　打开"开始"菜单，单击"控制面板"，在打开的"控制面板"窗口中双击"鼠标"选项，打开"鼠标 属性"对话框。

Step 02　在"鼠标键"选项卡中，选择"鼠标键配置"设置区中的"切换主要和次要的按钮"复选框，交换鼠标左右键的功能，如图 3-33 所示。

Step 03　如果希望使用个性化鼠标指针，可切换到"指针"选项卡，打开"方案"下拉列表，然后从中选择一套鼠标指针方案。如图 3-34 所示。

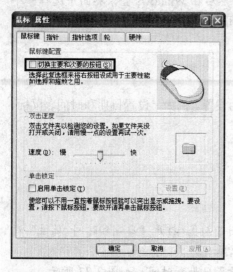

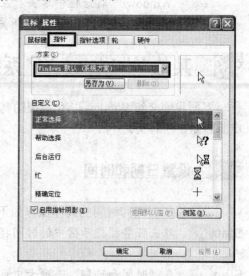

图 3-33　切换鼠标左右键　　　　　　　　　图 3-34　选择鼠标指针方案

Step 04　如果希望调整鼠标指针移动速度，可切换到"指针选项"选项卡，然后拖动"移动"设置区中的滑块进行调整，如图 3-35 所示。

Step 05 我们还可设置鼠标滚轮速度，即设置在浏览文档或网页时，每次滚动滚轮所移动的行数和列数，以便帮助我们更快地浏览文档或网页。设置鼠标滚轮的方法是：切换到"轮"选项卡，选中"一次滚动下列行数"单选钮，并在其下方的编辑框中输入滚动一次滚轮所移动的行数，最后单击"确定"按钮，完成设置，如图 3-36 所示。

图 3-35　设置鼠标指针移动速度

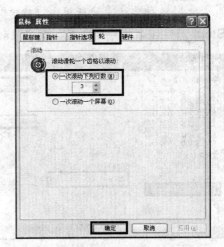

图 3-36　设置鼠标滚轮

3.4.3　查看和添加字体

编辑文档时，我们经常希望使用一些特别的字体来对文档进行美化。但是 Windows XP 本身只提供了宋体、黑体等最基本的几种字体。要解决这个问题，需要购买相关的字体库光盘，并将里面的字体安装到系统中，具体操作如下。

Step 01 购买字体库光盘。目前常用的字体库有方正字库、文鼎字库、汉仪字库、长城字库等。还有一些特殊的字库，可根据需要购买。

Step 02 打开"开始"菜单，单击"控制面板"，打开"控制面板"窗口，然后双击"字体"图标（参见图 3-37），打开"字体"窗口。

Step 03 在"字体"窗口中，选择"文件">"安装新字体"菜单，如图 3-38 所示。

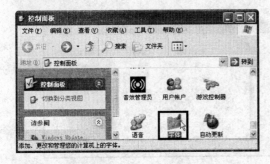

图 3-37　双击"字体"图标

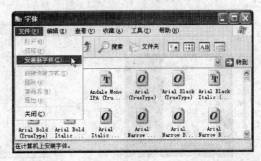

图 3-38　选择"文件">"安装字体"菜单

Step 04 打开"添加字体"对话框。从"驱动器"下拉列表中选择字体所在驱动器（如果是光盘，则选择光盘驱动器），在"文件夹"列表框中选择字体所在的文件夹（可双击打开上一级文件夹），此时系统会自动检索字体文件，并将其显示在"字体列表"框中，如图 3-39 所示。

Step 05 在"字体列表"列表框中选择需要安装的字体，或者单击"全选"按钮选择全部字体，然后单击"确定"按钮，开始安装字体。

Step 06 安装完字体之后，新安装的字体将出现在"字体"窗口中，如图 3-40 所示。

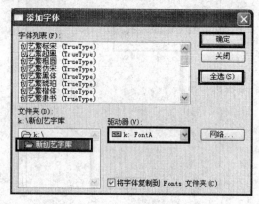

图 3-39 选择并安装字体

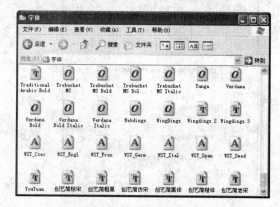

图 3-40 查看新安装的字体

Step 07 参考前面方法继续安装需要的字体。最后单击"字体"窗口右上角的"关闭"按钮⊠，关闭"字体"窗口，完成新字体的安装。

3.4.4 设置声音音量

在电脑中播放音乐、视频等有声音的文件时，除了可在播放器中调整音量外，还可利用任务栏右侧的声音控制图标 调整音量，主要有以下几种方法。

➢ 单击声音控制图标 ，打开声音调节控制面板，上下拖动音量控制滑块调节音量，如图 3-41 所示。如果选择"静音"复选框，表示关闭声音。

➢ 双击声音控制图标 ，打开"音量控制"面板，并在该面板中拖动各滑块调整音量，如图 3-42 所示。

图 3-41 单击声音控制图标

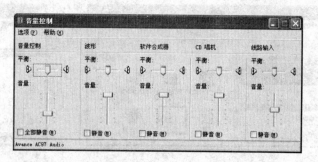

图 3-42 "音量控制"面板

➢ 右击声音控制图标，在弹出的快捷菜单中选择"调整音频属性"，在打开的"声音和音频设备 属性"对话框中调节音量，如图 3-43 所示。

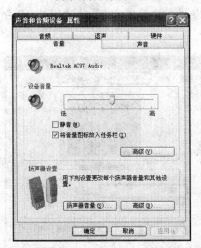

播放声音文件时，常遇到在播放器中将音量开到最大，但声音依然很小的问题。这是因为在图 3-42 中某些声音的音量被调小的缘故。例如，当"波形"声音音量调小时，通常，所有声音的音量都会变小。遇到这种情况时，可以在图 3-42 中将所有声音的音量都调到最大试试。

图 3-43 "声音和音频设备 属性"对话框

综合实例——打造个性化的 Windows XP

下面通过打造个性化的 Windows XP 来巩固本章所学的内容。

Step 01 右击任务栏空白处，在弹出的快捷菜单中单击"属性"，打开"任务栏和「开始」菜单属性"对话框。

Step 02 在"任务栏和「开始」菜单属性"对话框中选择"自动隐藏任务栏"和"分组相似任务栏按钮"复选框，如图 3-44 所示。

Step 03 单击切换到「开始」菜单"选项卡，选中"经典「开始」菜单"单选钮，然后单击"确定"按钮，如图 3-45 所示。

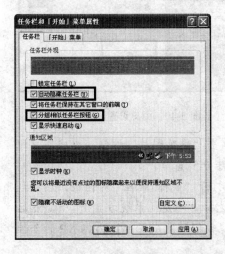

图 3-44 设置任务栏

图 3-45 设置"开始"菜单

Step 04 右击桌面空白处，在弹出的快捷菜单中单击"属性"，打开"显示 属性"对话框，切换到"桌面"选项卡，选择一张图片作为桌面背景，如图 3-46 所示。

Step 05 切换到"屏幕保护程序"选项卡，设置屏保为"三维管道"，等待时间为 10 分钟，然后单击"确定"按钮，如图 3-47 所示。

图 3-46　设置桌面背景

图 3-47　设置屏幕保护程序

Step 06 打开"控制面板"窗口，双击"用户账户"图标，打开"用户账户"窗口，单击当前登录的用户账户图标，如图 3-48 所示。

Step 07 在打开的用户账户设置画面中单击"更改我的图片"链接，如图 3-49 所示。

图 3-48　选择要设置的用户账户

图 3-49　用户设置画面

Step 08 在打开的画面中选择要使用的图片，然后单击"更改图片"按钮，更换用户账户图片，如图 3-50 所示。最后关闭"用户账户"窗口。

Step 09 在"控制面板"窗口中双击"鼠标"图标，打开"鼠标 属性"对话框，切换到"指针"选项卡，在"方案"下拉列表中选择"恐龙（系统方案）"项，然后单击"确定"按钮，如图 3-51 所示。这时，我们便完成了 Windows XP 的个性化设置。

图 3-50　用户设置画面

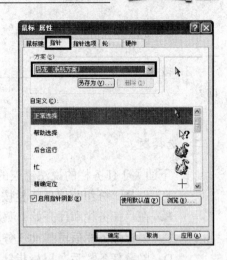

图 3-51　设置鼠标指针方案

本章小结

通过本章的学习，读者应该重点掌握以下知识：

➤ 利用"任务栏和「开始」菜单属性"对话框可以自定义任务栏和"开始"菜单，例如隐藏任务栏、改变"开始"菜单样式等。

➤ 电脑屏幕的显示效果可以利用"显示 属性"对话框调整。例如，在"显示 属性"对话框的"桌面"选项卡中可更换桌面背景，在"屏幕保护程序"选项卡中可设置电脑屏保，在"设置"选项卡中可调整屏幕显示分辨率、颜色和刷新频率等。

➤ 对于自用电脑，创建一个用户账户即可；对于多人共用的电脑，建议为每个人创建一个受限用户账户并设置密码。如果经常有人临时使用你的电脑，则不必创建新用户账户，只需启用 Guest 账户即可。方法是：在"用户账户"窗口中单击 Guest 账户，在打开的画面中单击"启用来宾账户"按钮。

➤ 对于鼠标的设置，需要在"鼠标 属性"对话框中进行。例如，在"鼠标键"选项卡中交换鼠标左右键的功能及调整鼠标双击速度，在"指针"选项卡中更换鼠标指针方案，在"指针选项"选项卡中调整鼠标移动速度等。

➤ 除了购买字体光盘外，我们也可以从网上下载部分字体。

思考与练习

一、填空题

1. 在显示器屏幕大小不变的情况下，分辨率的大小决定了_____。通常液晶显示器的刷新频率推荐使用_____赫兹。CRT 显示器的刷新频率推荐使用_____赫兹。

2. 在 Windows XP 系统中，系统提供了三种用户账户类型，分别是_____、_____和_____。

3. 按下键盘上的_____键和_____键，可快速切换到 Windows 登录界面。

4. 双击_____可打开"音量控制"面板。

二、选择题

1. 下面关于任务栏的说法错误的是（　　）

　　A. 选择"分组相似任务栏按钮"复选框可分组显示任务栏中的相似任务按钮

　　B. 在"任务栏和「开始」菜单属性"对话框中可设置任务栏

　　C. 锁定任务栏后可移动任务栏，但不能调整其大小

　　D. 隐藏任务栏后，鼠标指针移至任务栏区域会显示任务栏

2. 下面关于"开始"菜单的说法错误的是（　　）

　　A. 在"任务栏和「开始」菜单属性"对话框中可设置"开始"菜单中图标的大小

　　B. 在"任务栏和「开始」菜单属性"对话框中可设置"开始"菜单中项目的个数

　　C. 在"任务栏和「开始」菜单属性"对话框中可清除最近访问文档记录

　　D. 在"任务栏和「开始」菜单属性"对话框中可打开某一应用程序

3. 下面不是桌面背景图片放置方式的是（　　）

　　A. 层叠　　　　　　　　　　B. 拉伸

　　C. 平铺　　　　　　　　　　D. 居中

4. 下面关于用户账户说法错误的是（　　）

　　A. 管理员账户拥有对电脑使用的最大权利

　　B. 受限用户账户在使用电脑时将受到某些限制

　　C. 使用来宾账户时无法在电脑中安装软件

　　D. 我们无法为受限用户账户创建密码

5. 要调整鼠标指针移动速度可（　　）

　　A. 在"鼠标 属性"对话框的"指针"选项卡中进行

　　B. 在"鼠标 属性"对话框的"指针选项"选项卡中进行

　　C. 在"鼠标 属性"对话框的"滚轮"选项卡中进行

　　D. 在"鼠标 属性"对话框的"鼠标键"选项卡中进行

三、操作题

1. 将桌面背景更换为自己喜爱的图片。

2. 设置屏幕保护程序。

3. 更改用户账户名称。

第4章
管理 Windows XP 中的文件

章前导读

　　电脑中的所有数据都以文件的形式保存，因此，使用电脑就是同各种各样的文件打交道的过程。在本章中，我们将向读者介绍如何管理电脑中的文件，包括浏览、打开、移动、复制、删除和恢复文件等。

4.1　认识文件与文件夹

　　Windows XP 的文件系统包括文件和文件夹两种类型，其中，文件夹用来保存文件。Windows XP 的文件系统采用的是树形结构，即电脑中包含了若干驱动器，每个驱动器下又包含了若干文件夹和文件，依次类推。

4.1.1　认识文件

　　文件是数据在电脑中的组织形式，不管是程序、文本、声音、视频，还是图像，最终都是以文件形式存储在电脑的存储介质（如硬盘、光盘、软盘等）上。

1．文件命名规则

　　文件名由两部分组成，中间由"."分隔，如"发展计划.doc"、"财务报表.xls"等都是合法的文件名。文件名中位于"."左侧的部分称为主文件名，位于"."右侧的部分称为扩展名。

> **主文件名**：最多可以由 255 个英文字符或 127 个汉字组成，或者混合使用字符、汉字、数字甚至空格。但是，文件名中不能含有"\"、"/"、":"、"<"、">"、"?"、"*"、"""和"|"字符。

> **扩展名**：通常为 3 个英文字符。扩展名决定了文件的类型，也决定了可以使用什么程序来打开文件。常说的文件格式指的就是文件的扩展名。

> 默认情况下，使用"我的电脑"窗口查看文件时，系统不会显示文件的扩展名。要显示文件扩展名，需要进行适当设置。至于具体的设置方法，可参见后面的介绍。

2. 文件的类型

在 Windows XP 系统中，不同的文件会以不同的图标显示。从打开方式看，文件分为可执行文件和不可执行文件两种类型。

> **可执行文件**：指可以自己运行的文件，又称可执行程序，其扩展名主要有.EXE、.COM 等。用鼠标双击可执行文件，它便会自己运行。例如，双击 C:\WINDOWS\System32 文件夹中的 mspaint.exe 文件，可启动 Windows 系统自带的"画图"程序。

> **不可执行文件**：指不能自己运行的文件。当双击某类数据文件后，系统会调用特定的应用程序去打开它。例如，双击.txt 文件，系统将调用 Windows 系统自带的"记事本"程序来打开它。

为了便于读者更好地熟悉各种类型的文件，下面简要介绍一下几种主要的不可执行文件。

> **支持文件**：是程序运行所需的辅助性文件，其扩展名通常为.ovl、.sys、.dll 等。在 Windows XP 或应用程序启动或运行期间，通常会调用这类文件。因此，它们是电脑正常工作不可或缺的，用户不得任意删除它们或更改其名称。

> **文档文件**：文档文件是由一些文字处理软件生成的文件，其内部包含的是可阅读的文本、图形、图像及其控制字符，如 Word 程序生成的.doc 文件，记事本生成的.txt 文件等。通常，用什么程序创建的文档文件，便需用什么程序打开。

> **图像文件**：图像文件由图像处理程序生成，或通过数码相机、扫描仪等设备获取，其内部包含图片信息。如.bmp、.gif、.jpg、.tif、.png 等格式的文件都是图像文件。可使用图像处理程序（如 Photoshop）或图片浏览程序（如 ACDSee）来浏览、打开或编辑它们。

> **多媒体文件**：多媒体文件中包含数字形式的音频和视频信息，如.avi、.mpeg、.rm、.wmv、.asf 等格式的视频文件，以及.mp3、.wma 等格式的音频文件都是多媒体文件。多媒体文件需要用相关多媒体播放器打开，例如可用 Windows Media Player 播放.mp3、.wma、.wmv、.asf 等文件。同样，我们也可借助相应的多媒体处理软件来制作或编辑多媒体文件。

> **其他文件：** 其他如 Flash 源文件.Fla、压缩文件.rar、网页文件.htm 等，它们都是由相关程序生成的，并可借助这些程序或其他程序来打开。

4.1.2 认识文件夹

在现实生活中，为了便于管理各种文件，我们会对它们进行分类，并放在不同的文件夹中。Windows XP 完全吸收了这种思想，它也是用文件夹分类和管理电脑中的文件的，如图 4-1 所示。

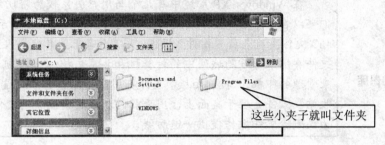

图 4-1 Windows XP 中的文件夹

1. 文件夹组织形式

Windows XP 采用了层次结构来组织文件和文件夹，"我的电脑"位于层次结构的顶层，可以说是一个最大的文件夹，用于管理电脑中的磁盘、光盘和软盘等存储介质，以及所有文件和文件夹，如图 4-2 所示。

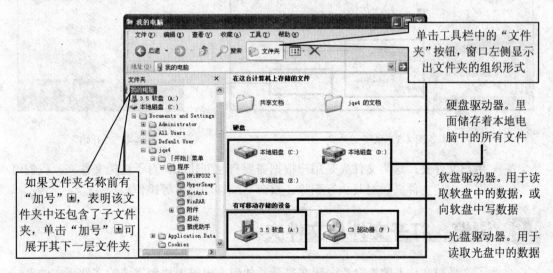

图 4-2 文件夹组织方式

由图 4-2 可以看出，在 Windows XP 中，文件以及文件夹组织形式为：我的电脑 > 磁盘、光盘和软盘等存储介质 > 文件或文件夹 > 文件或子文件夹 > ……

2. 文件夹类型

Windows XP 中的文件夹有如下两类。

➢ **系统文件夹**：这是安装好操作系统后系统自己创建的文件夹，有 Windows、Program Files 和 Documents and Settings 等文件夹，这些文件夹通常位于"本地磁盘 C"中，如图 4-3 所示。对于系统文件夹，用户一般不能删除、重命名或移动其位置。否则，将可能导致系统无法运行。

在 Windows XP 系统中有几个与用户关系较为密切的系统文件夹，我们可以在"开始"菜单或桌面上找到它们，如图 4-4 所示。其中，"我的文档"文件夹用来放置信件、报告、图片、音乐及其他个人文档；"网上邻居"文件夹用来管理局域网中的计算机和共享文档；"打印机和传真"文件夹用来管理打印机；"控制面板"文件夹用来管理各种系统设置。还有一个"回收站"文件夹位于桌面上，用来临时放置用户删除的文件夹和文件，从而为误删除文件操作提供一道防线。

在 C 盘中，还保存着许多安装 Windows XP 时创建的系统文件，它们位于 C 盘根目录或各系统文件夹中

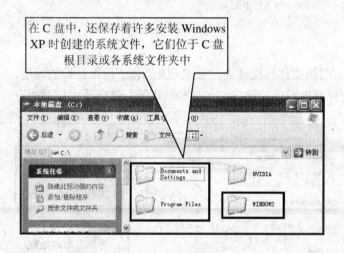

图 4-3　系统文件夹　　　　　　　　　　图 4-4　"开始"菜单

➢ **用户文件夹**：这类文件夹是用户根据需要自己创建的。对于这类文件夹，我们可以在创建文件夹后对其执行删除、重命名或移动位置等操作。

4.2　浏览、打开文件与文件夹

熟悉了文件与文件夹的概念后，现在来看看如何在电脑中找到需要的文件或文件夹，并将它们打开。

4.2.1 浏览文件与文件夹

我们可使用下面的方法浏览文件和文件夹。

1. 一般方法

浏览文件或文件夹的常用操作是从"我的电脑"开始，逐层打开各文件夹。

Step 01 双击桌面上的"我的电脑"图标，打开"我的电脑"窗口，然后双击存放文件的磁盘，例如双击"本地磁盘 D"（参见图 4-5），打开 D 盘。

Step 02 此时便可以看到存放在 D 盘中的文件或文件夹了，如图 4-6 所示。如果文件不在 D 盘根目录下，则继续双击存放文件的文件夹，直到找到需要的文件。

图 4-5 打开"我的电脑"窗口

图 4-6 打开 D 盘

2. 使用"文件夹"任务窗格

如果要快速打开某一文件夹，可以使用"文件夹"任务窗格。

Step 01 在"我的电脑"窗口的工具栏中单击"文件夹"按钮，打开"文件夹"任务窗格。

Step 02 单击左侧树状目录结构中的田或曰号，可展开或收缩相关文件夹，单击某文件夹，便可在右侧窗格中显示文件夹中的内容，如图 4-7 所示。

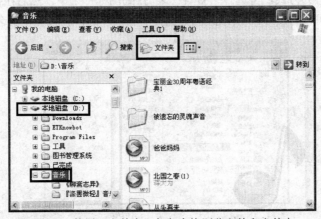

图 4-7 使用"文件夹"任务窗格浏览文件和文件夹

3. 浏览技巧

在浏览文件夹的过程中，单击"我的电脑"窗口工具栏中的"向上"按钮 、"后退"按钮 和"前进"按钮 ，可在浏览过的文件夹之间快速切换：

> ➤ "向上"按钮 ：切换到当前文件夹的上一级文件夹。
> ➤ "后退"按钮 ：切换到最近一次打开过的文件夹。
> ➤ "前进"按钮 ：只有单击过"后退"按钮 ，该按钮才有效。通过单击该按钮可打开单击"后退"按钮 前打开的文件夹。

浏览文件和文件夹时，可以设置文件和文件夹的显示、排列方式。

要设置文件和文件夹显示方式，可在"我的电脑"窗口中单击"查看"菜单中的相应菜单项，如图 4-8 所示：

> ➤ 缩略图：浏览包含图片的文件夹时，使用该方式可以在文件夹中显示图片的缩览图，如图 4-9 所示。
> ➤ 平铺和图标：这两种方式的显示效果相似，都是以图标形式显示文件或文件夹。
> ➤ 列表：当文件夹中的文件很多时，可用列表形式显示更多文件。
> ➤ 详细信息：可详细显示每个文件的名称、大小、类型和修改日期等。

图 4-8 设置文件和文件夹的显示方式

图 4-9 以缩略图方式浏览文件和文件夹

要设置文件的排列方式，可选择"查看">"排列图标"菜单，然后在打开的子菜单中选择相关排列方式即可，如图 4-10 所示。例如选择"名称"后，会按文件的名称来排列文件。

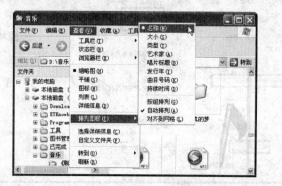

图 4-10 设置文件排列方式

4.2.2 选择文件与文件夹

在对文件或文件夹进行复制、移动、删除等操作时，都需要先将其选中。选择文件与文件夹的操作步骤如下。

Step 01 要选择一个文件或文件夹，可直接单击该文件或文件夹。

Step 02 要同时选择多个文件或文件夹，可在按住【Ctrl】键的同时，依次单击要选中的文件或文件夹。选择完毕后释放【Ctrl】键即可，如图 4-11 左图所示。

Step 03 单击选中第一个文件或文件夹后，按住【Shift】键单击其他文件或文件夹，则两个文件或文件夹之间的全部文件或文件夹均被选中，如图 4-11 中图所示。

Step 04 按住鼠标左键不放，拖出一个矩形选框，释放鼠标左键后，在选框内的所有文件或文件夹都会被选中，如图 4-11 右图所示。

图 4-11 同时选择多个文件或文件夹的方法

Step 05 选择"编辑">"全部选定"菜单或者按【Ctrl+A】组合键，可将当前窗口中的所有文件或文件夹选中。

4.2.3 打开文件的方法

我们在 4.1.1 节学习了文件的类型，知道打开可执行文件的方法是双击该文件，打开不可执行文件则需要利用相关的程序。下面具体介绍如何打开不可执行文件。

1. 双击打开文件

不可执行文件在电脑中的图标样式与同它关联的程序有关，表示可用该程序打开这类文件。例如，图 4-12 便列举了几种常见文件图标样式（它们与电脑中安装的程序有关，不同的电脑可能不同）。

当某类文件与某程序关联后，双击该文件，便可启动关联的程序并打开该文件，例如双击图标为 📄 的文本文件，便可启动记事本打开该文件；双击图标为 🔵 的多媒体文件，便可启动 Windows Media Player 播放该文件，如图 4-13 所示。

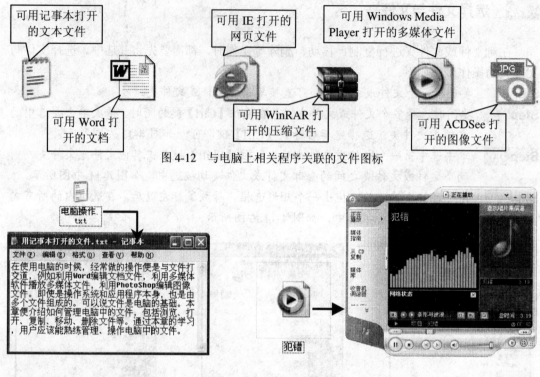

图 4-12 与电脑上相关程序关联的文件图标

图 4-13 双击打开文件

如果文件图标样式为图 4-14 左图所示，说明这是一种未知文件类型，无法通过双击打开这类文件，或电脑中没安装打开这类文件的程序；如果文件图标为图 4-14 右图所示，说明这是.DLL 文件，这类文件是无法打开的。

图 4-14 无法打开的文件类型

2. 右击打开文件

如果电脑中不止一个能打开某类文件的程序，这时可在文件上右击，然后选择使用哪个程序来打开文件。例如，图 4-15 所示便是选择使用哪个程序来打开图像文件。

在图 4-15 中，还可以选择"选择程序"菜单项，打开"打开方式"对话框，如图 4-16 所示，然后在"程序"列表中选择用来打开文件的程序，并单击"确定"按钮即可。对于某些未知文件类型的文件，可利用该方法，尝试看看能不能使用某个程序打开文件。

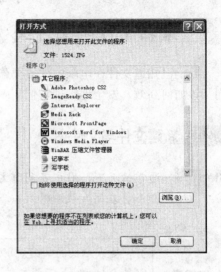

图 4-15　选择用来打开文件的程序　　　　　　图 4-16　"打开方式"对话框

3. 在程序中打开文件

另外一种方法是在程序中打开文件，例如要用画图程序打开某图像文件，可执行下面的操作。

Step 01　打开"开始"菜单，选择"所有程序"＞"附件"＞"画图"菜单，启动"画图"程序。

Step 02　在画图程序窗口中，选择"文件"＞"打开"菜单，如图 4-17 所示。

Step 03　在弹出的"打开"对话框中，单击"查找范围"下拉列表框右侧的三角按钮，然后参考我们前面介绍的浏览文件夹的方法，找到存放图像的文件夹，然后选中要打开的图像文件，单击"打开"按钮即可，如图 4-18 所示。

图 4-17　选择"文件"＞"打开"菜单　　　　　　图 4-18　"打开"对话框

4.3 编辑文件与文件夹

我们已知道文件在电脑中的重要作用，那么如何获取需要的文件呢？获取文件后，我们又该如何高效、安全地管理它们呢？下面我们便一起来找寻答案。

4.3.1 新建文件与文件夹

Step 01 通常情况下，用户可利用文档编辑程序、图像处理程序等应用程序创建文件。例如，在写字板中输入一篇文章，选择"文件" > "保存"菜单，将文件保存，便创建了一个文档文件。

> 要获取文件，还可以从光盘等存储介质中将文件复制到电脑中，也可以从 Internet 上下载文件。

Step 02 为了分类存放文件，有时候需要创建新文件夹。在 Windows XP 中可以采取如下方法来创建文件夹。

➤ 在要创建文件夹的磁盘或文件夹窗口中选择"文件" > "新建" > "文件夹"菜单，然后为文件夹输入一个新名字，再按【Enter】键或用鼠标左键单击任意空白处以结束创建，如图 4-19 所示。

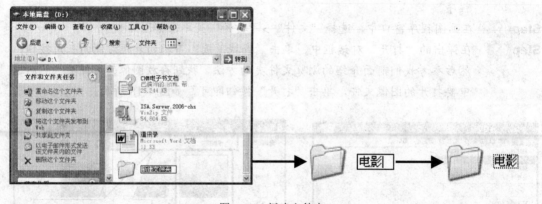

图 4-19　新建文件夹

> 命名文件和文件夹时，要注意在同一个文件夹中不能有两个名称相同的文件或文件夹，还要注意不要修改文件的扩展名。

➤ 打开某个磁盘或文件夹窗口，在工作区空白处单击鼠标右键，从弹出的快捷菜单中选择"新建" > "文件夹"菜单，同样可创建一个文件夹。

➤ 在很多软件的保存文件对话框中也可新建文件夹。例如，在写字板的"保存为"对话框中单击"创建新文件夹"按钮，即可在当前文件夹中新建一个文件夹，如图 4-20 所示。

图 4-20　写字板的"保存为"对话框

4.3.2　重命名文件与文件夹

为了便于分类管理和查找文件夹和文件，用户还可能需要重命名现有文件或文件夹，具体操作如下。

Step 01 打开"我的电脑"窗口，找到希望重命名的文件或文件夹，然后在该文件或文件夹上单击鼠标右键，从弹出的快捷菜单中选择"重命名"，如图 4-21 左图所示。

Step 02 在编辑框内输入新的文件或文件夹名，按【Enter】键或在空白区单击鼠标左键以确认文件名的更改，结果如图 4-21 右图所示。

图 4-21　重命名文件夹

4.3.3　移动和复制文件与文件夹

移动是指将所选文件或文件夹移动到指定位置，而复制是指为所选文件或文件夹创建副本。下面就来介绍移动和复制文件或文件夹的方法。

1. 使用任务窗格

Step 01 打开放置文件或文件夹的磁盘窗口，选中需要移动或复制的文件或文件夹，然后在"文件和文件夹任务"任务窗格中单击"移动所选项目"或"复制所选项目"链接（参见图4-22），打开"移动项目"或"复制项目"对话框。

Step 02 在"移动项目"或"复制项目"对话框的列表框中选择目标磁盘和文件夹，单击"移动"或"复制"按钮，就可以将选中的文件或文件夹移动或复制到目标文件夹中。图4-23所示为移动文件和文件夹的操作。

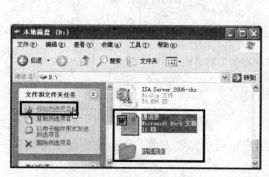

图4-22 选中要移动的文件夹

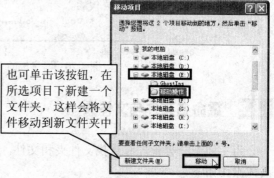

图4-23 "移动项目"对话框

2. 使用菜单命令

Step 01 选中需要移动或复制的文件或文件夹，然后选择"编辑">"剪切"（或"复制"）菜单（参见图4-24），或者按【Ctrl+X】（或【Ctrl+C】）组合键。

Step 02 打开想要移动或复制到的目标文件夹窗口，然后选择"编辑">"粘贴"菜单（参见图4-25），或者按【Ctrl+V】组合键，选定的文件或文件夹即可被移动或复制到当前文件夹中。

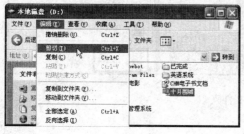

图4-24 剪切文件

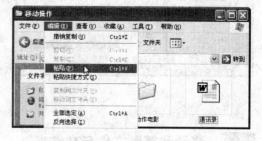

图4-25 粘贴文件

3. 使用鼠标拖动

Step 01 单击工具栏中的"文件夹"按钮，在左侧窗格中显示文件夹列表，如图4-26所示。

Step 02 在右侧窗格中选中要移动或复制的文件夹和文件，然后将其拖动到左侧窗格的目标文件夹上，如图 4-27 所示。

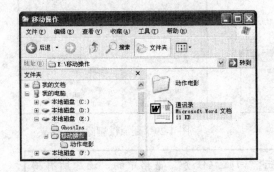 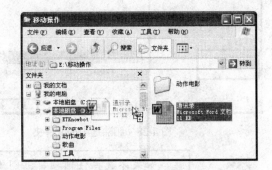

图 4-26 在左侧窗格中显示文件夹列表   图 4-27 将所选内容拖动到目标文件夹上

Step 03 释放鼠标左键，所选内容便被移动或复制到目标文件夹中了。其中，如果所选内容与目标文件夹位于相同磁盘（例如同为 E 盘），则拖动操作为移动，否则拖动操作为复制。

> 如果希望利用拖动方式在相同磁盘中复制文件，可在执行拖动操作时按住【Ctrl】键，此时光标将显示为带 "+" 号的箭头。

4.3.4 删除和恢复文件与文件夹

为了使电脑中的文件存放整洁、有条理，同时也为了节省磁盘空间，应该经常删除那些已经没有用的文件和文件夹。此外，对于误删除的文件和文件夹，还应将其及时恢复。

1. 删除文件或文件夹

Step 01 打开要删除的文件或文件夹所在的文件夹窗口，选中需要删除的文件或文件夹（参见图 4-28 左图），按一下【Delete】键。

Step 02 在弹出的删除确认对话框中单击 "是" 按钮，便可将选定的文件或文件夹移动到 "回收站" 文件夹中，也即删除了所选文件或文件夹，如图 4-28 右图所示。

2. 恢复误删除的文件或文件夹

Step 01 要恢复被误删除的文件或文件夹，可双击桌面上的 "回收站" 图标，打开 "回收站" 窗口。

Step 02 右击误删除的文件或文件夹，从弹出的快捷菜单中单击 "还原"（参见图 4-29），则该文件或文件夹将被恢复到原来的位置。

图 4-28　删除选中的文件夹　　　　　图 4-29　还原误删除的文件夹

 如果不选择任何项目，则单击"回收站任务"窗格中的"还原所有项目"链接，可以将"回收站"窗口中的所有文件和文件夹还原到被删除前的位置。

3. 清空回收站

尽管被删除的文件或文件夹被移入回收站，但回收站中的文件仍然会占用磁盘空间。因此，用户应定期检查回收站，如果确认没有需要保留的内容，应及时予以清空。下面是几种清空回收站的方法。

➤ 右击桌面上的"回收站"图标，从弹出的快捷菜单中选择"清空回收站"。

➤ 在"回收站"窗口中选择"文件">"清空回收站"菜单。

➤ 在"回收站"窗口的"回收站任务"窗格中单击"清空回收站"链接。

➤ 在"回收站"窗口中，在要删除的文件上单击鼠标右键，从弹出的快捷菜单中选择"删除"，可从回收站中删除选定的文件。

 删除大文件时，可将其不经过回收站而直接从硬盘中删除。方法是：选中要删除的文件，按【Shift】+【Delete】组合键，然后在确认提示框中确认。

4.3.5　隐藏、显示文件或文件夹

1. 隐藏文件或文件夹

如果不希望某些文件夹或文件被别人看到，可以将它们隐藏起来！下面是具体操作方法。

Step 01 在"我的电脑"窗口中右击文件或文件夹，从弹出的快捷菜单中选择"属性"（参见图 4-30 左图），打开文件属性对话框。

Step 02 勾选"隐藏"复选框，然后单击"确定"按钮，如图 4-30 右图所示。

➤ **只读**：将文件或文件夹设置成该属性后，便只能打开来读，不能修改。

➤ **隐藏**：将文件或文件夹设置成该属性后，默认情况下它们将不会再显示在"我的电脑"窗口中。

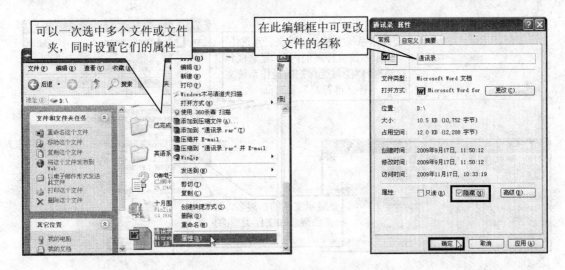

图 4-30 打开文件属性对话框

知识库

　　在 Windows XP 系统中，文件和文件夹都有相应的属性，例如大小、创建时间、修改时间等。这些都可以在文件或文件夹属性对话框中看到。
　　电脑中的文件大小通常以 Byte（字节）、KB（千字节）、MB（兆字节）、GB（吉字节或千兆字节）、TB（万亿字节或兆兆字节）为单位，它们的换算关系为：1KB=1024Byte，1MB=1024KB，1GB=1024MB，1TB=1024GB。将鼠标指针放在某文件或文件夹上方，便会显示该文件或文件夹的大小。
　　此外，文件有大小，存储文件的硬盘也有固定容量。将鼠标指针移至某磁盘上方时，会显示磁盘的总大小和可用空间，即剩余空间。当某磁盘中可用空间太小时，该磁盘将无法再储存文件，此时便需要及时清理、删除该磁盘中不再需要的文件，否则会影响系统的运行速度。

2. 显示被隐藏的文件和文件夹

　　默认情况下，具有隐藏属性的文件或文件夹是不显示的，要显示这些文件或文件夹，可在"文件夹选项"对话框中进行设置，具体操作如下。

Step 01 打开"我的电脑"窗口，选择"工具" > "文件夹选项"菜单（参见图 4-31 左图），打开"文件夹选项"对话框。

Step 02 在"文件夹选项"对话框中切换到"查看"选项卡，在"高级设置"列表框中选择"隐藏文件和文件夹"项目中的"显示所有文件和文件夹"单选钮，然后单击"确定"按钮即可，如图 4-31 右图所示。

温馨提示

　　"文件夹选项"对话框用来设置对文件的操作和查看方式。用户可分别在"常规"、"查看"选项卡中选中某些选项，并应用试试看。单击"还原为默认值"按钮，可恢复默认设置。

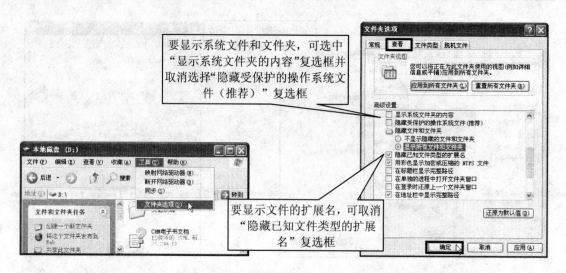

要显示系统文件和文件夹，可选中"显示系统文件夹的内容"复选框并取消选择"隐藏受保护的操作系统文件（推荐）"复选框

要显示文件的扩展名，可取消"隐藏已知文件类型的扩展名"复选框

图 4-31　显示被隐藏的文件和文件夹

4.3.6　查找文件与文件夹

使用电脑时常会发生找不到某个文件或文件夹的情况，这时可借助 Windows XP 的搜索功能进行查找，具体操作如下。

Step 01 打开"我的电脑"窗口，单击工具栏中的"搜索"按钮，打开"搜索助理"任务窗格。也可以选择"开始" > "搜索"菜单，打开"搜索结果"窗口。

Step 02 在"您要查找什么？"下方单击所需的搜索选项，例如，单击"所有文件和文件夹"选项，如图 4-32 所示。

Step 03 在"全部或部分文件名"编辑框中输入要查找的文件或文件夹的名称；在"在这里寻找"下拉列表中选择希望搜索的位置。设置好后，单击"搜索"按钮（参见图 4-33），系统开始查找，并在右侧窗格中显示找到的文件或文件夹。

图 4-32　打开"搜索"任务窗格

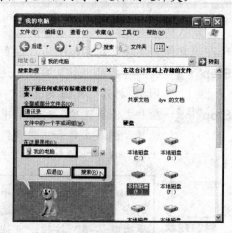

图 4-33　设置搜索选项

1. 如果忘了文件或文件夹的完整名称，输入其中的部分名称也可以。

2. 在输入文件名时还可使用通配符。常用的通配符有星号（*）和问号（？）两个。其中，"*"代表一个或多个任意字符，"？"只代表一个字符。例如：*.*表示所有文件和文件夹；*.jpg 表示扩展名为.jpg 的所有文件；?ss.doc 表示扩展名为.doc，文件名为 3 位，且必须是以 ss 为文件名结尾的所有文件。

3. 设置合适的搜索范围很重要，由于现在的硬盘容量都很大，若把所有硬盘搜索一遍将会耗费很长的时间。若能确定文件存放的大致文件夹，可首先在步骤 1 中直接打开该文件夹，然后单击"搜索"按钮，这时搜索范围便会限制在该文件夹中。

4. 为了让搜索速度更快，可在搜索完毕后选择"是，但使将来的搜索更快"，然后在打开的界面中选择"是的，启用制作索引服务"单选钮，再单击"确定"按钮。

4.4　不同电脑之间的文件交换

4.4.1　使用光盘中的文件

光盘是一种重要的电脑外部存储介质，主要用来存储需要备份或移动的数据。光盘中的内容需要通过光驱来读取，具体操作如下。

Step 01　按光盘弹出按钮弹出光盘托架，然后将光盘正面（有文字或图片的一面）朝上放入光盘托架，再按一下光盘弹出按钮关闭光驱。

Step 02　在 Windows XP 中，将光盘放入光驱后，系统会读取光盘中的文件，并出现一个图 4-34 所示的对话框，这时选择"打开文件夹以查看文件"项，单击"确定"按钮便可查看和使用光盘中的文件。

Step 03　我们可以像复制硬盘中的文件一样将光盘中的文件复制到硬盘中，然后对其进行操作。但是，请注意，通常我们只能复制光盘中的文件，而无法剪切或删除光盘中的文件。

也可以打开"我的电脑"窗口，双击光盘驱动器图标，查看和使用光盘中的文件，如图 4-35 所示。

此外，目前很多光盘都是自动播放的，放入光盘时，系统会自动打开软件安装画面（对于软件光盘），或者自动播放光盘中的音乐或电影（对于多媒体光盘）。要禁止光盘自动播放，可在将其放入光驱后，按住【Shift】键；要查看自动播放光盘中的文件，可右击光盘驱动器图标，从弹出的快捷菜单中选择"打开"。

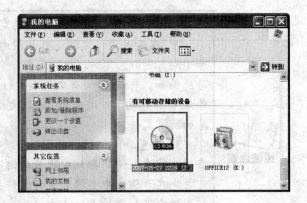

图 4-34　选择打开光盘的方式　　　　　　　图 4-35　双击打开光盘

4.4.2　使用 U 盘中的文件

　　U 盘是目前非常流行的一种移动存储设备，由于其体积小、容量大且存取速度快，因而成为电脑间交换数据的主要设备。用 U 盘传输文件的具体操作如下。

Step 01　将 U 盘插入电脑的任意一个 USB 接口，系统会自动探测到 U 盘，并给出一系列提示，如图 4-36 所示。

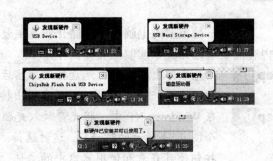

图 4-36　将 U 盘插入 USB 接口

Step 02　探测结束后，系统会弹出一个"可移动磁盘"对话框，选择"打开文件夹以查看文件"项，然后单击"确定"按钮（参见图 4-37），将打开显示 U 盘内容的窗口。

　　　　打开"我的电脑"窗口，如果发现里面有一个"可移动磁盘"盘符，那便是 U 盘驱动器，双击便可将其打开，如图 4-38 所示。

Step 03　用户可以像操作硬盘中的文件一样对 U 盘中的文件进行操作，例如删除、复制、剪切、粘贴等。

　　文件操作结束后，我们可以将 U 盘拔出来，不过在拔出来之前，最好先执行下面的操作，以防损坏 U 盘。

图 4-37　查看 U 盘中的文件　　　　　　　　　　图 4-38　U 盘图标

Step 01　单击任务栏中的"安全删除硬件"按钮，如图 4-39 左图所示。

Step 02　单击选择要删除的 U 盘驱动器，如图 4-39 右图所示。

Step 03　删除成功后，系统将给出相应的提示信息，告诉用户现在可以安全地拔出 U 盘了，如图 4-40 所示。这时便可以将 U 盘拔出来了。

图 4-39　删除 U 盘　　　　　　　　　　　图 4-40　删除成功提示信息

4.5　其他文件管理技巧

在本节，我们将向读者介绍一些文件管理技巧。

4.5.1　快速打开最近操作的文件

为了方便用户，Windows XP 把用户最近操作的文档名称都放在了"开始"菜单的"我最近的文档"菜单中。

因此，如果希望快速打开最近操作的文件，可以单击"开始"按钮，将光标移至"我最近的文档"菜单，然后选择文件即可，如图 4-41 所示。

经验之谈

　　　如果担心"我最近的文档"中列出的文件泄漏了自己的隐私，可参考第 2 章内容打开"自定义开始菜单"对话框的"高级"选项卡，然后取消"列出我最近打开的文档"复选框。如果只是想清除列表中的内容，单击"清除列表"按钮即可。

图 4-41 快速打开最近操作的文件

4.5.2 撤销文件的编辑

在 Windows XP 中，几乎所有的操作都允许"反悔"，就连删除、重命名文件也不例外。要快速撤销文件的删除、剪切、重命名等操作，最简单的方法是按【Ctrl+Z】组合键。

4.5.3 批量重命名文件

在 Windows XP 中，可以将同一类内容相近的文件进行批量重命名，具体操作如下。

Step 01 打开要重命名的文件所在的文件夹，按住【Shift】键或【Ctrl】键，单击选中要批量命名的文件，然后在选中的文件上单击鼠标右键，从弹出的快捷菜单中选择"重命名"。

Step 02 在蓝色反白显示的编辑框中输入文件的新名称，按键盘上的【Enter】键，系统将自动按顺序为选定文件重命名。

4.5.4 保护个人私密文件

如果 Windows XP 中的用户比较多，为了安全，我们可以将某些文件夹设置成个人专用文件夹，这样以其他账户登录的用户便无法查看与更改专用文件夹中的内容。不过，在使用该项功能之前，要确保存放文件夹的驱动器分区必须是 NTFS 格式。具体操作如下。

Step 01 打开"我的电脑"窗口，用鼠标右键单击希望设置成个人专用的文件夹，从弹出的快捷菜单中选择"属性"，如图 4-42 所示。

Step 02 在打开的文件夹属性对话框中打开"共享"选项卡，选中"将这个文件夹设为专用"复选框，如图 4-43 所示。

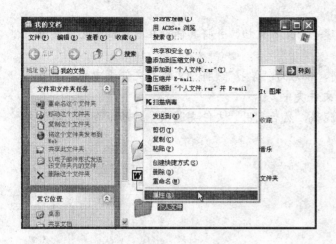

图 4-42　选择"属性"菜单项

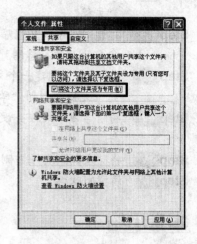

图 4-43　"共享"选项卡

Step 03　单击"确定"按钮，如果当前用户是以无密码方式登录的，则随后还会弹出一个设置密码提示对话框，如图 4-44 所示。

Step 04　单击"是"按钮，弹出设置用户账户密码界面。分别在"输入一个新密码"及"再次输入密码以确认"编辑框中输入个人密码，如图 4-45 所示。最后单击"创建密码"按钮，这样专用文件夹就设置成功。

图 4-44　设置密码提示对话框

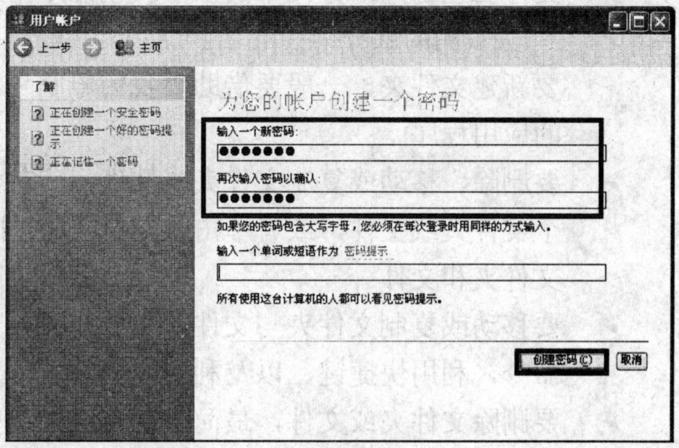

图 4-45　设置密码

设置专用文件夹后，将需要保护的文件放入，其他用户便不能访问这些文件。

综合实例——创建与管理文件

下面我们对本章的操作进行综合练习，包括创建文件、新建文件夹、复制文件、隐藏文件、删除文件等。

Step 01 打开"我的电脑"窗口，在"本地磁盘 D"驱动器中新建一个文件夹，命名为"文稿"。

Step 02 打开"写字板"程序，创建一个文本文档，并将其保存在"文稿"文件夹中，命名为"学习总结"。

Step 03 在 D 盘中创建一个文件夹，命名为"学习"，将"文稿"文件夹中的"学习总结"文稿复制到"学习"文件夹中。

Step 04 将"学习"文件夹设置为隐藏，然后利用"文件夹选项"对话框查看隐藏的文件。

Step 05 将"文稿"文件夹删除。

Step 06 清空回收站。

本章小结

通过本章的学习，读者应该重点掌握以下知识：

➤ 我们与电脑打交道的过程，从某种程度上讲就是创建、编辑和管理文件的过程。

➤ Windows XP 操作系统采用树形结构和文件夹形式来管理电脑中的文件。最上层是"我的电脑"文件夹，其下是各驱动器（也相当于文件夹），每个驱动器中又可划分为多个文件夹，每个文件夹还可以继续划分。此外，每个文件夹中都可以包含文件。

➤ 文件名包含两部分，中间以"."分隔。位于"."左侧的部分为主文件名，位于"."右侧的部分为扩展名。

➤ 要新建文件夹，一般要借助"我的电脑"窗口；要新建文件，则通常要借助相关的应用程序。

➤ 要删除、移动或复制文件夹或文件，应首先选中它们。为此，可直接单击选择单个文件夹或文件，或者单击时配合【Ctrl】或【Shift】键选择一组分散或连续的文件夹和文件。

➤ 要移动或复制文件夹与文件，主要有 4 种方法，分别是利用任务窗格，利用菜单命令，利用快捷键，以及利用拖动方法。

➤ 要删除文件夹或文件，最简单的方法是选中文件夹或文件后按【Delete】键。如果发现删除错了，还可借助"回收站"来恢复。

➤ 如果不希望别人修改自己的文件，或者不让别人看到自己的文件，可利用文件夹或文件属性对话框修改其属性为"只读"或"隐藏"。

➤ 如果一时忘记了某个文件的存放位置，可借助系统提供的搜索功能来查找文件夹或文件。同时，如果忘记了文件夹或文件的确切名称，还可只输入文件夹或文件的部分名称来进行模糊查找。

➤ 如果希望在各电脑间交换文件，我们可利用光盘或 U 盘，或者 Internet（后面介绍）。

思考与练习

一、填空题

1. 从打开方式看，文件分为＿＿＿＿＿和＿＿＿＿＿两种类型。

2. 文件名由两部分组成，中间由"."分隔，文件名中位于"."左侧的部分称为＿＿＿＿，位于"."右侧的部分称为＿＿＿＿。

3. Windows XP 中的文件夹分为两类，分别是＿＿＿＿和＿＿＿＿。

4. 操作文件时，按＿＿＿＿键可执行剪切操作；按＿＿＿＿键可执行复制操作；按＿＿＿＿键可执行粘贴操作。

5. 选中需要删除的文件或文件夹，按＿＿＿＿键可将其删除。

6. 利用＿＿＿＿对话框可以设置显示隐藏的文件或文件夹。

二、选择题

1. 下面说法错误的是（　）
   A. 用写字板创建的文件属于可执行文件　B. 文件名由两部分组成
   C. 使用鼠标拖动方式可以选中多个文件　D. .EXE 类型的文件属于可执行文件

2. 在浏览文件夹过程中，单击"我的电脑"窗口工具栏中的哪个按钮可返回当前文件夹的上一级文件夹（　）
   A. "前进"按钮　　　　　　　B. "后退"按钮
   C. "向上"按钮　　　　　　　D. "返回"按钮

3. 要选择多个分散的文件，可在按住下面哪个键的同时，依次单击要选择的文件（　）
   A.【Alt】键　　　　　　　　B.【Shift】键
   C.【Curl】键　　　　　　　D.【Tab】键

4. 下面关于打开文件说法错误的是（　）
   A. 用单击方式可打开文件　　B. 用双击方式可打开文件
   C. 可在程序中打开文件　　　D. 用右击方式可打开文件

5. 在删除大文件时，按下面哪组按键，可将其不经过回收站而直接从硬盘中删除（　）
   A.【Alt+Delete】组合键　　B.【Ctrl+Delete】组合键
   C.【Tab+Delete】组合键　　D.【Shift+Delete】组合键

6. 在输入文件名时还可使用通配符。其中，"*"代表（　）
   A. 1 个字符　　　　　　　　B. 2 个字符
   C. 3 个字符　　　　　　　　D. 1 个或多个字符

三、操作题

1. 在磁盘 D 中创建一个文件夹，并命名为"练习"。
2. 删除磁盘 D 中的任意一个文件，然后将其恢复。
3. 隐藏某个文件，然后显示被隐藏的文件。

第5章
使用 Windows XP 附带的小工具

章前导读

Windows XP 自带有很多应用程序和组件，以帮助用户完成相关操作。例如，利用画图程序编辑图像，利用计算器进行算术运算等。在本章中，我们将向读者介绍常用 Windows XP 自带程序的使用方法。

5.1 使用画图程序

利用 Windows XP 提供的"画图"程序可以轻松画出漂亮的图画。与现实中的绘画相比，在电脑中绘画具有操作简单，易于修改，可永久保存等特点。

5.1.1 认识画图程序操作界面

打开"开始"菜单，选择"所有程序">"附件">"画图"菜单，打开"画图"程序窗口。首先，我们认识一下画图程序的界面构成，如图 5-1 所示。

画图程序界面左侧的工具箱提供了一组用于绘制图形的工具；前景色指用于线条、图形边框和文本的颜色；背景色指用于填充封闭图形和文本框的背景，以及使用橡皮擦时的颜色。默认情况下，前景色为黑色，背景色为白色。颜料盒用于提供多种颜色，在颜料盒中用鼠标单击色块可设置前景色，用鼠标右击色块可设置背景色。

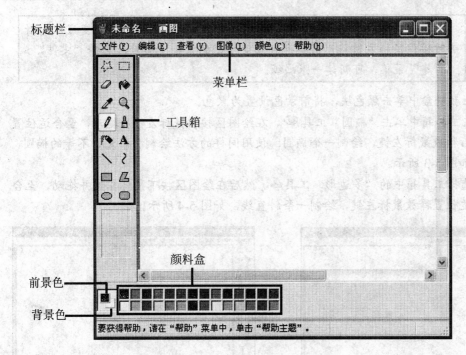

图 5-1 "画图"程序窗口

5.1.2 绘制可爱的小猪

下面，我们以绘制一只小猪为例，介绍画图程序的使用方法。

Step 01 在绘图前，我们可以根据需要对画纸的大小进行调整。首先，选择"图像">"属性"菜单（参见图 5-2 左图），打开"属性"对话框。

Step 02 分别在"宽度"和"高度"编辑框中输入数值，如 400、350，然后单击"确定"按钮，完成画纸大小的更改，如图 5-2 右图所示。

图 5-2 设置画纸大小

知识库　　将鼠标指针移至画纸右下角的蓝色小方块上，当鼠标指针变成双向箭头时按住鼠标左键拖动鼠标也可改变画纸的大小。另外，选择"文件" > "新建"菜单，可新建一张画纸。

Step 03　在颜料盒中单击黑色块，将前景色设置为黑色。

Step 04　在工具箱中单击"椭圆"工具 ⬭，在绘图区按住鼠标左键并拖动，至合适位置后释放鼠标左键，绘制一个椭圆；使用同样的方法绘制 2 个大小不等的椭圆，如图 5-3 所示。

Step 05　选择工具箱中的"多边形"工具 ◿，然后在绘图区按下鼠标左键并拖动，至合适位置释放鼠标左键，绘制一条斜直线，如图 5-4 所示。

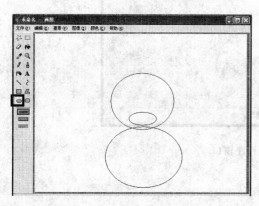

图 5-3　绘制椭圆

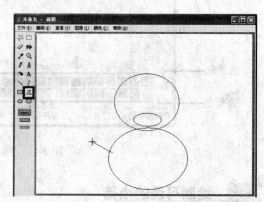

图 5-4　绘制斜直线

Step 06　将鼠标指针移至其他位置，依次单击鼠标，最后需单击起点处封闭图形并结束绘制，绘制一个多边形作为小猪的脚，如图 5-5 所示。

Step 07　用同样的方法，继续用"多边形"工具 ◿ 为小猪绘制其他的三只脚，如图 5-6 所示。

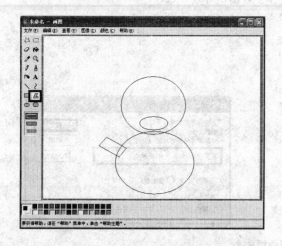

图 5-5　绘制小猪的一只脚

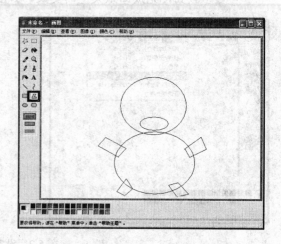

图 5-6　绘制其他脚

Step 08　选择工具箱中的"橡皮"工具 ✎，然后在绘图区域按下鼠标左键并拖动，擦除不需要的区域，如图 5-7 所示。

Step 09　选择工具箱中的"直线"工具 ＼，然后在绘图区按下鼠标左键并拖动，到合适位置后释放鼠标左键，绘制一条直线，用同样的方法共绘制 7 条直线，组成小猪的裤子，如图 5-8 所示。

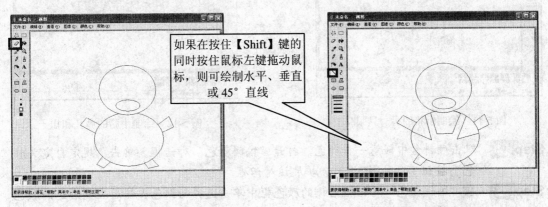

> 如果在按住【Shift】键的同时按住鼠标左键拖动鼠标，则可绘制水平、垂直或 45° 直线

图 5-7　擦除多余线条　　　　　　　　　　　图 5-8　绘制小猪裤子

Step 10　选择工具箱中的"曲线"工具 ～，然后在绘图区按下鼠标左键并拖动，到合适位置后释放鼠标左键，绘制一条直线，来确定曲线的起点和终点，如图 5-9 所示。

Step 11　将光标移至直线的中部，按住鼠标左键并向左上方拖动，到合适位置后释放鼠标左键，调整曲线的弯度，这样，小猪的一只眼睛就绘制好了，如图 5-10 所示。

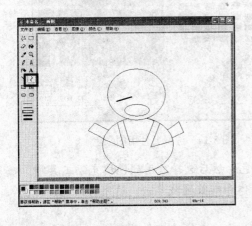

图 5-9　绘制直线　　　　　　　　　　　　图 5-10　用直线绘制小猪眼睛

Step 12　继续用"曲线"工具 ～ 绘制小猪的另一只眼睛。然后在工具选项区中选择一种线条较粗的线，如图 5-11 所示。

Step 13　用绘制眼睛的方法绘制小猪的耳朵。然后更改成较细的线型，用"椭圆"工具 ⬭ 绘制出鼻孔、扣子，如图 5-12 所示。

图 5-11 绘制小猪的另一只眼睛   图 5-12 绘制小猪的鼻孔和扣子

Step 14 双击颜料盒中任意一种颜色，打开"编辑颜色"对话框。单击"规定自定义颜色"按钮（参见图 5-13），扩展该对话框。

Step 15 在"编辑颜色"对话框右侧的颜色框中单击选择粉红色，然后在最右边的颜色条中拖动三角形滑块选择一种较淡的粉红色，设置好后，单击"确定"按钮关闭对话框，如图 5-14 所示。

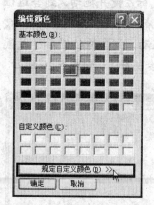
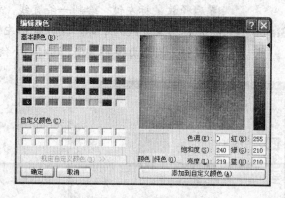

图 5-13 "编辑颜色"对话框   图 5-14 选择要使用的颜色

Step 16 系统自动将新设置的粉红色设置为前景色，然后选择"用颜色填充"工具，依次将光标移动到小猪的脸、耳朵、身体和四肢区域单击，填充粉红色，如图 5-15 所示。

Step 17 继续选择不同的颜色，并用"用颜色填充"工具填充小猪的其他区域，如图 5-16 所示。

Step 18 将前景色设置为黑色，选择工具箱中的"刷子"工具，并在工具选项区选择刷子形状，然后在小猪的四肢末端处单击并拖动绘制出黑色的蹄子，如图 5-17 所示。

Step 19 将前景色设置为绿色，选择工具箱中的"喷枪"工具，并在工具选项区选择喷枪类型，然后在绘图区按住鼠标左键并拖动绘制草，如图 5-18 所示。

图 5-15 填充小猪的脸、耳朵、身体和四肢区域

图 5-16 填充其他区域

图 5-17 绘制小猪的蹄子

图 5-18 绘制草

Step 20 将前景色设置为红色，继续用"喷枪"工具在绘图区域绘制花朵，如图 5-19 所示。

Step 21 将前景色设置为黄色，选择"用颜色填充"工具，然后在背景区域单击用黄色填充，如图 5-20 所示。

Step 22 选择"文字"工具 **A** 和文本框样式，在小猪左侧空白区域按下鼠标左键并拖动，绘制一个文字输入框。此时选择"查看" > "文字工具栏"菜单，弹出"字体"工具栏。在"字体"工具栏的"字体"下拉列表中选择字体为"华文行楷"。在"字号"下拉列表中选择字号为36，单击"B"设置粗体，再单击"竖排"按钮，如图 5-21 所示。

Step 23 单击颜料盒中的红色，然后切换到汉字输入法状态，输入"快乐的小猪"，最后单击绘图区域的任意位置，退出文字编辑状态。这样，一只小猪就绘制好了，如图 5-22 所示。

温馨提示

当我们退出文字编辑状态后将不能再修改文字内容，以及设置文字格式。

图 5-19 绘制花朵

图 5-20 绘制背景

图 5-21 绘制文本框

图 5-22 在文本框中输入文字

5.2 使用计算器

利用 Windows XP 提供的"计算器"可以进行基本的算术运算，例如加、减运算等，同时它还具有科学计算器的功能，例如进行对数运算和阶乘运算等。

1. 简单四则运算

Step 01 打开"开始"菜单，选择"所有程序">"附件">"计算器"菜单，启动计算器程序。

Step 02 单击计算器中的数字按钮输入计算的第一个数字，然后单击需要执行的运算符按钮，如"+"（加）、"-"（减）、"*"（乘）或"/"（除）等，接着键入第二个数字，再依次输入需要的运算符和数字，最后单击"="键，输出结果，如图 5-23 所示。上述操作也可以通过键盘输入来实现，尤其使用数字小键盘会非常快捷。

2. 科学运算

计算器不仅可以进行简单的四则运算，还可以进行科学运算，具体操作如下。

Step 01 选择"查看">"科学型"菜单，打开科学运算操作界面。

Step 02 在科学运算操作界面中单击某一数值，然后选择要使用的进制，本例选择"十进制"单选钮，然后进行计算，如图 5-24 所示。

图 5-23 进行简单的计算   图 5-24 进行科学运算

> 对于十六进制、八进制及二进制来说，有四种可用的显示类型：四字（64 位表示法）、双字（32 位表示法）、单字（16 位表示法）和字节（8 位表示法）。对于十进制来说，有三种可用的显示类型：角度、弧度和梯度。

3. 统计运算

用计算器进行统计运算的具体操作如下。

Step 01 在计算器中键入首段数据，然后单击 Sta 按钮，打开"统计框"对话框，如图 5-25 所示。

Step 02 单击"返回"按钮可回到"计算器"窗口。单击 Dat 按钮保存数值，如图 5-26 所示。

图 5-25 输入数值后单击 Sta 按钮   图 5-26 单击 Dat 按钮

Step 03 键入其余的数据，每次输入之后都单击 Dat 按钮，如图 5-27 所示。

Step 04 单击 Ave、Sum 或 s 按钮进行运算，再单击 Dat 按钮即可，如图 5-28 所示。

图 5-27 输入其他数据 图 5-28 统计运算

"统计框"对话框可以记录你保存的数值个数。要从列表中删除某个数值，可以选中该数值后，单击"清零"按钮。如果要删除所有数值，可以单击"全清"按钮。如果单击"加载"按钮，可以将计算器显示区的数字改成在"统计框"对话框中选定的数字。

　　Ave 计算保存在"统计框"对话框中值的平均数，Sum 计算保存在"统计框"对话框中值的总和，而 s 计算保存在"统计框"对话框中值的标准误差。

5.3　使用放大镜

　　放大镜是使视力不好的用户更容易阅读屏幕的一款工具，下面介绍它的使用方法。

Step 01　打开"开始"菜单，选择"所有程序">"附件">"辅助工具">"放大镜"菜单，启动放大镜程序。

Step 02　"放大镜"会创建一个独立的窗口，在其中显示放大了的部分屏幕。鼠标指向屏幕的某一部分，即可放大该部分，如图 5-29 所示。

Step 03　启动"放大镜"后，其会自动打开"放大镜设置"对话框，在该对话框中可设置放大镜的倍数、要放大的区域、外观等选项，如图 5-29 所示。

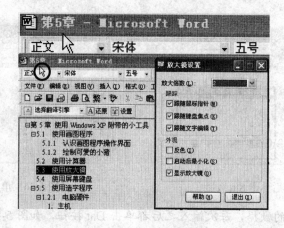

图 5-29 使用放大镜

5.4　使用屏幕键盘

利用屏幕键盘可以在屏幕上显示虚拟键盘，从而使用户无需使用键盘，而直接使用鼠标或游戏杆就可在电脑中输入数据，它的使用方法如下。

5.4.1　选择键盘布局和类型

屏幕键盘提供了多种布局方式和键盘类型供用户选择，选择方法如下。

Step 01　打开"开始"菜单，选择"所有程序" > "附件" > "辅助工具" > "屏幕键盘"菜单，启动屏幕键盘程序。

Step 02　单击"键盘"主菜单，在弹出的菜单中选择要使用的键盘布局和类型，如图 5-30 所示。

➢　要使用包括数字键盘的键盘布局，可选择"增强型键盘"。

➢　要使用不包括数字键盘的键盘布局，可选择"标准键盘"。

➢　要将按键显示为与标准键盘相似，可选择"常用布局"，效果如图 5-31 所示。

➢　要在键盘上将最常用的字符键显示在一起，可选择"块状布局"，效果如图 5-30 所示。

图 5-30　块状布局模式　　　　　　　　图 5-31　常用布局模式

➢　要使用美国标准键盘，可选择"101 键"。

➢　要使用通用键盘，可选择"102 键"。

➢　要使用包含其他的，如日本字符的键盘，可选择"106 键"。

5.4.2　输入文字

使用屏幕键盘输入文字的具体操作如下。

Step 01　启动文档编辑程序，如写字板，然后启动屏幕键盘程序。

Step 02　选择"设置" > "击键模式"菜单（参见图 5-32 左图），打开"击键模式"对话框。

Step 03　在"击键模式"对话框中选择要使用的击键模式，本例保持默认设置，然后单击"确定"按钮，如图 5-32 右图所示。

➢ **单击选择**：选择该模式后，当鼠标指针指向某一字符时，字符将加亮显示，单击可将该字符输入。

➢ **鼠标悬停选择**：选择该模式后，在"最短悬停时间"中选择一个数字以调整最短悬停时间。如果鼠标指针在字符上停留指定的悬停时间，则选中并键入该字符。

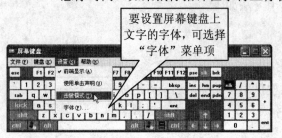

图 5-32　选择击键模式

➢ **游戏杆或键选择**：选择该模式后，可在"扫描间隔"下拉列表框中，选择一个数字来设置屏幕键盘扫描的速度。单击"高级"按钮，可在弹出的"扫描选项"对话框中选择适当的选项：选择"串行、并行或游戏端口"复选框，将使用指针设备选择要键入的字符；选择"键盘键"复选框，可指定要键入选中字符的键，可从右侧下拉列表框中选择。如图 5-33 所示。

Step 04 选择一款汉字输入法，然后通过屏幕键盘输入文本，如图 5-34 所示。

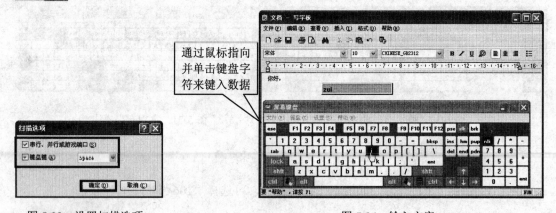

图 5-33　设置扫描选项　　　　　　　　　　　　图 5-34　输入文字

综合实例——添加和删除 Windows XP 组件

Windows XP 自身带了很多应用程序和组件，如画图、计算器以及纸牌游戏等。对于一些无用的应用程序，可将其删掉；而对于希望使用的一些应用程序，则可以将其安装，具体操作如下。

Step 01 打开"开始"菜单，选择"控制面板"，打开"控制面板"窗口，双击"添加/删除程序"图标（参见图 5-35 左图），打开"添加或删除程序"对话框。

Step 02 在"添加或删除程序"对话框中单击"添加/删除 Windows 组件"按钮（参见图

5-35 右图），打开"Windows 组件向导"对话框。

图 5-35 打开"Windows 组件向导"对话框

Step 03 在"Windows 组件向导"对话框中，前面有☑的选项表示该组件已安装，此时如果你取消选择，则会将组件卸载；前面是□表示该组件没有安装，如果你勾选，则会安装上该组件。单击"下一步"按钮可执行刚才的设置。可以根据需要安装或卸载相关组件。如图 5-36 左图所示。

Step 04 选择某组件后，如果该组件下还有选项，可单击"详细信息"按钮，精确设置组件中的选项。如图 5-36 右图所示。

 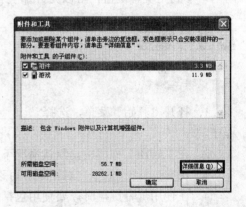

图 5-36 选择要添加/删除的组件

Step 05 如果子组件中还包含有组件，可再次单击"详细信息"按钮，展开里面的组件。例如要卸载"画图"、"计算器"程序，可取消它们前面的复选框，要安装这两个程序，则启用它们前面的复选框，如图 5-37 所示。

Step 06 单击两次"确定"按钮，返回"Windows 组件向导"对话框，单击"下一步"按钮，开始安装/卸载所设置的 Windows 组件，最后在打开的完成画面中单击"完成"按钮即可，如图 5-38 所示。

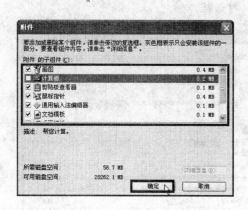

图 5-37 "附件"对话框

图 5-38 完成 Windows 组件的添加/删除

本章小结

通过本章的学习，读者应该重点掌握以下知识：

➤ 利用"画图"程序可以绘制与编辑图像。

➤ 利用"计算器"可以进行基本的算术运算，如加、减运算等，同时它还具有科学计算器的功能。

➤ 对于视力不太好的人，可以用放大镜放大窗口的局部区域，便于查看。

➤ 利用屏幕键盘，可以允许那些有移动障碍的用户用鼠标或游戏杆输入数据。

思考与练习

一、填空题

1. 打开"开始"菜单，选择_____>_____>_____菜单，可启动"画图"程序。

2. 在"画图"程序中，默认情况下，前景色为_____，背景色为_____。

3. 在_____对话框中可设置放大镜的倍数、要放大的区域、外观等选项。

4. 在使用屏幕键盘时，要使用包括数字键盘的键盘布局，可选择_____。

二、选择题

1. 在画图程序中，要设置前景色可执行下面哪项操作（   ）

A. 在颜料盒中用鼠标单击色块

B. 在颜料盒中用鼠标右击色块

C. 在颜料盒中用鼠标双击色块

D. 用鼠标指针指向颜料盒中的色块

2．在画图程序中要绘制水平、垂直或 45°直线，可在选择"直线"工具后按住下面哪个按键的同时按住鼠标左键拖动鼠标（　　）

　　A.【Ctrl】键　　　　　　　　　B.【Alt】键

　　C.【Shift】键　　　　　　　　D.【Tab】键

3．下面说法正确的是（　　）

　　A．利用 Windows XP 提供的计算器只能进行加、减等基本运算

　　B．使用放大镜可以放大屏幕的任意区域

　　C．使用画图程序只能编辑 JPG 图像

　　D．在屏幕键盘的击键模式下，当鼠标指针指向某一字符时，可将该字符输入

三、操作题

1．用"画图"程序绘制一束花。

2．用计算器进行角度的计算。

3．用屏幕键盘在写字板中输入一段文字。

第6章
安装、使用和卸载应用程序

章前导读

　　电脑能优质、高效地处理各种事务，主要是通过安装在电脑中的各类应用程序完成的。例如，使用 Word 编排文档，使用 QQ 聊天等。本章讲述应用程序的获取、安装和卸载方法。

6.1　应用程序概述

　　为了扩展电脑的功能，用户需要为电脑安装应用程序。在本节中，我们将向读者介绍常用的软件及软件的获取方法。

> 软件由应用程序及与应用程序相关的文档组成。软件的安装是指将其所包含的应用程序及相关文档释放到操作系统中。因此，软件的安装也被称为应用程序的安装。

6.1.1　常用软件推荐

　　当您需要用电脑工作或娱乐时，需要在 Windows XP 系统中安装相应的应用软件才能进行。表 6-1 中列举了普通电脑用户常用的应用软件及其说明。

表 6-1 常用软件推荐

软件用途	软件推荐	说　明
办公	Office	使用最为广泛的办公软件，包含多个组件，如编辑文档的 Word、制作电子表格的 Excel 等
压缩/解压缩工具	WinRAR	WinRAR 是目前最好用的压缩/解压缩软件
图像处理	Photoshop	功能最强大的图像处理软件，主要用于图像的编辑和处理。例如，图像色彩的调整、图像裁剪等。
图像浏览	ACDSee	使用它可以方便地查看、管理电脑中的图像文件
虚拟光驱	Daemon Tools	安装该软件后会在系统中模拟出 1 个光驱，用于读取光盘镜像文件
多媒体播放	RealOne、暴风影音	利用 RealOne 和 Windows Media Player 可以播放大多数在线视频或音频；而利用暴风影音，则可以播放几乎任何格式、任何编码的视频
杀毒软件	瑞星、诺顿或卡巴斯基	只要电脑上网，便会遇到许多病毒，安装一个杀毒软件可有效阻止病毒侵害电脑。
下载工具	迅雷（Thunder）或网际快车（FlashGet）	下载工具可以提高下载文件的速度，而且支持断点续传（即如果发生意外使下载中断，第二次可从中断的地方继续下载）
网络防火墙	瑞星个人防火墙、天网防火墙	安装一个网络防火墙能阻挡一些低级黑客的攻击
通信工具	QQ、MSN	利用它们可方便地与远方的朋友或商业伙伴交流

6.1.2　获取软件的一般方法

获取软件的方法除了购买软件安装光盘以外，还可以从其官方网站下载。另外，目前国内很多软件下载站点都免费提供各种软件的下载，下面介绍几个常见的软件下载网站。

（1）天空软件站

天空软件站（http://www.skycn.com）是国内大型的软件下载站点之一，其所提供的应用软件覆盖面全，下载速度快，是下载软件的最佳去处，其主页面如图 6-1 所示。

（2）华军软件园

华军软件园（http://www.onlinedown.net）是国内最早的软件下载站点之一，提供共享软件发布和下载服务，其主页面如图 6-2 所示。

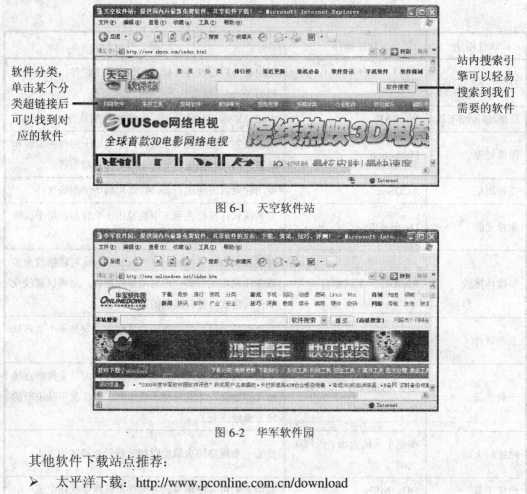

软件分类，单击某个分类超链接后可以找到对应的软件

站内搜索引擎可以轻易搜索到我们需要的软件

图 6-1　天空软件站

图 6-2　华军软件园

其他软件下载站点推荐：

➢ 太平洋下载：http://www.pconline.com.cn/download
➢ 新浪下载：http://tech.sina.com.cn/down
➢ 中关村在线：http://download.zol.com.cn
➢ 硅谷动力软件下载站：http://download.enet.com.cn

软件的下载方法将在后面章节详细介绍，此处不做详述。

6.2　安装应用程序

　　应用程序必须安装（而不是复制）到 Windows XP 系统中才能使用。一般应用程序都配置了自动安装程序，将安装光盘放入光驱后，系统会自动运行它的安装程序。如果应用程序的安装程序没有自动运行，则需要在存放应用程序的文件夹中找到 Setup.exe 或 Install.exe（也可能是软件名称）安装程序，双击它便可进行应用程序的安装操作。安装程序的图标通常如图 6-3、图 6-4 所示。

图 6-3　常见应用程序安装图标　　　　图 6-4　一些应用程序特有的图标（不同的应用程序不一样）

6.2.1　安装 Office 2003

下面以安装 Office 2003 为例，讲解软件的安装过程。其他软件的安装过程基本与此类似。

Step 01 打开 Office 2003 软件所在文件夹，双击 Office 2003 的安装文件 "setup.exe"，如图 6-5 左图所示。

经验之谈　　如果是利用光盘安装，将光盘放入光驱后，系统会自动运行安装程序，并显示如图 6-5 右图所示的画面。在该画面中单击"安装 Office 2003 组件"，即可开始安装。

图 6-5　执行安装操作

Step 02 系统首先将必要的安装文件复制到硬盘上的某个位置，然后显示安装向导，如图 6-6 所示。

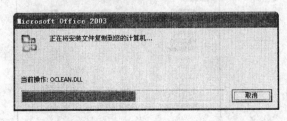 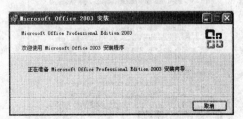

图 6-6　显示安装向导

Step 03 安装 Office 2003 时需要序列号才能安装，因此，在接下来的画面中应将购买安装光盘时附带的序列号正确输入，如图 6-7 所示。

Step 04 单击"下一步"按钮，将显示输入用户名和单位名称的画面，如图 6-8 所示，
输入后单击"下一步"按钮。

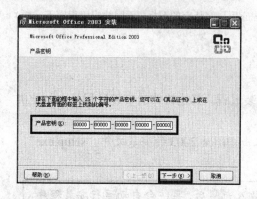

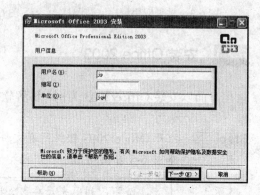

图 6-7 输入序列号　　　　　　　　　　　　　　图 6-8 输入用户名

Step 05 系统将显示用户许可协议画面，此时必须选中"我接受《许可协议》中的条款"
复选框，然后单击"下一步"按钮继续安装，如图 6-9 所示。

Step 06 在接下来的画面中可以选择安装类型，系统默认的是"典型安装"，表示此时只
安装最常用的程序和组件，如图 6-10 所示，通常保持默认设置即可。

> 选择"典型安装"安装方式后，如果在使用软件的过程中需要其他未
> 安装的内容，系统会给出安装提示。
> 选择"完全安装"表示一次安装全部程序和资料，选择"最小安装"
> 表示只安装最必要的程序和资料，选择"自定义安装"表示让用户自己选
> 择安装哪些程序和组件。具体选择哪种安装方式，可视使用者的需要而定，
> 通常选择典型安装，或保持默认的设置即可。
> 不一定将软件安装在默认文件夹中，在图 6-10 中单击"浏览"按钮，
> 在打开的对话框中可以选择软件的安装文件夹。

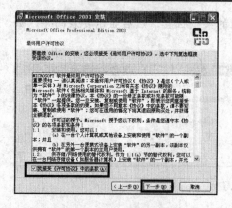

图 6-9 填写序列号　　　　　　　　　　　　　　图 6-10 选择安装类型

Step 07 单击"下一步"按钮，系统将显示图 6-11 左图所示画面。单击"安装"按钮，开始安装，如图 6-11 右图所示。

图 6-11 开始安装

Step 08 耐心等待一会，系统显示图 6-12 所示画面，提示安装成功。单击"完成"按钮，安装结束。

温馨提示

安装好软件后，可从"开始"菜启动应用程序，例如，安装上 Office 2003 后，选择"开始"＞"所有程序"＞"Microsoft Office"＞"Microsoft Office Word 2003"菜单，即可启动 Word 2003 程序。有些程序会将启动图标放在桌面上，双击即可启动。

图 6-12 安装结束

6.2.2 安装搜狗拼音输入法

Windows XP 自带了智能 ABC 输入法、微软拼音输入法等。如果要使用其他输入法，如搜狗拼音、五笔字型输入法等，一般需要从网上下载外部输入法的安装程序并安装，下面以安装搜狗拼音输入法为例说明。

Step 01 从网上下载搜狗拼音输入法，然后双击搜狗拼音的安装程序，打开其安装向导。

Step 02 在弹出的搜狗拼音安装向导对话框中单击"下一步"按钮，如图 6-13 所示。

Step 03 在打开的画面中阅读用户许可协议，然后单击"我同意"按钮，如图 6-14 所示。

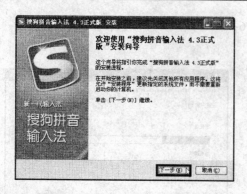

图 6-13　搜狗拼音安装向导对话框

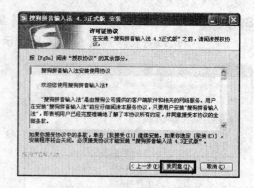

图 6-14　阅读用户许可协议

Step 04　在打开的画面中可以修改软件的安装路径，也可以保持默认设置，直接单击"下一步"按钮，如图 6-15 所示。

Step 05　在打开的画面中可以修改软件在"开始"菜单中的名称和存储位置，也可保持默认设置，直接单击"下一步"按钮，如图 6-16 所示。

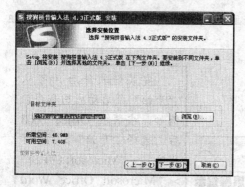

图 6-15　选择搜狗拼音的安装路径

图 6-16　选择搜狗拼音快捷菜单的安装路径

Step 06　在打开的画面中取消"安装搜狗浏览器"复选框，然后单击"安装"按钮，开始安装搜狗拼音输入法，如图 6-17 所示。

Step 07　安装结束后，在打开的画面中单击"完成"按钮，如图 6-18 所示。

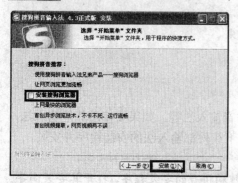

图 6-17　开始安装搜狗拼音输入法

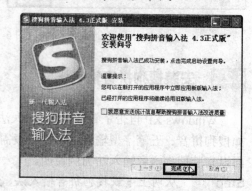

图 6-18　完成搜狗拼音的安装

温馨提示　　许多从网上下载的软件都带有一些额外的插件或工具软件。例如，在安装"搜狗拼音"输入法时会让用户选择是否安装"搜狗浏览器"（参见图6-17），这些插件或工具软件往往对用户没有太大用处，但会占用系统资源，因此在安装软件的过程中应尽量避免安装它们。

Step 08　　安装搜狗拼音后，系统会自动弹出搜狗拼音设置向导对话框，单击"下一步"，如图6-19所示。

Step 09　　在打开的画面中设置搜狗拼音的拼音习惯和每页候选个数，也可保持默认设置，直接单击"下一步"按钮，如图6-20所示。

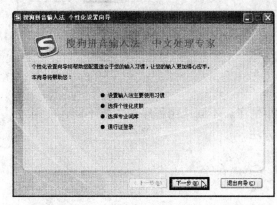

图6-19　搜狗拼音设置向导对话框　　　　图6-20　设置搜狗拼音的拼音习惯和每页候选个数

Step 10　　在打开的画面中选择搜狗拼音的皮肤，然后单击"下一步"按钮，如图6-21所示。

Step 11　　在打开的画面中选择要添加的词汇（勾选对应的复选框即可），然后单击"下一步"按钮，如图6-22所示。

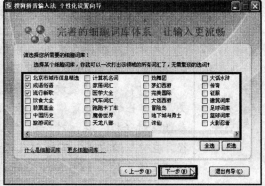

图6-21　选择搜狗拼音的皮肤　　　　　　图6-22　选择要添加的词汇

Step 12　　在打开的画面中单击"下一步"按钮，如图6-23所示。在随后打开的画面中单击"完成"按钮，完成搜狗拼音的设置，如图6-24所示。

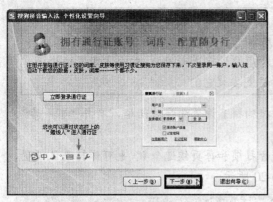
图 6-23　单击"下一步"按钮

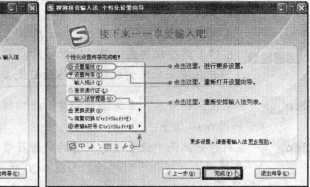
图 6-24　完成搜狗拼音的设置

6.3　使用应用程序

安装应用程序后，便可以利用它做相关的事情了。不同应用程序的功能不同，使用方法也不同。本节介绍几款常用应用程序的使用方法。

6.3.1　使用 WinRAR 压缩/解压缩文件

在 Internet 上下载的文件大多数都是经过压缩的，需要解压缩后才可使用。利用 WinRAR 可以方便地压缩文件，也可以解压几乎所有压缩格式的文件。使用 WinRAR 压缩/解压缩文件的具体操作如下。

Step 01　要压缩多个文件，可先创建一个文件夹（本例将该文件夹命名为"练习文档"），然后将要压缩的文档移动到该文件夹中。

Step 02　用鼠标右击需要压缩的文件夹，在弹出的快捷菜单中选择"添加到×××.rar"，WinRAR 便会压缩该文件夹并生成一个压缩包（.rar）文件，如图 6-25 所示。

知识库

　　如果是压缩单个文件，可直接右击该文件，从弹出的快捷菜单中选择"添加到×××.rar"。

　　此外，如果希望设置压缩选项，可用鼠标右击需要压缩的文件或文件夹，在弹出的快捷菜单中选择"添加到压缩文件…"，打开"压缩文件名和参数"对话框，在该对话框"压缩文件名"编辑框中设置压缩文件名和路径，在"压缩方式"下拉列表框中设置压缩方式，然后单击"确定"按钮，即可压缩文件，如图 6-26 所示。

Step 03　要将压缩文件解压缩，可用鼠标右击压缩文件，在弹出的快捷菜单中选择"解压到当前文件夹"或"解压到×××"，WinRAR 会自动将该压缩文件解压到当前文件夹或指定的文件夹中，如图 6-27 所示。

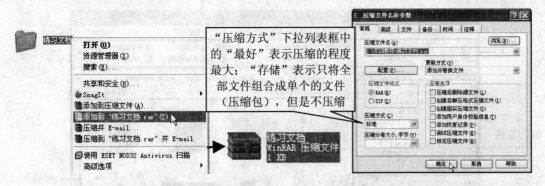

图 6-25　快速压缩文件　　　　　　图 6-26　"压缩文件名和参数"对话框

　　　双击压缩文件将打开 WinRAR 软件的操作界面，在该界面中会显示压缩文件中包含的文件，如图 6-28 所示。选择需要解压缩的文件（如果不选择，将解压出所有文件），单击"解压到"按钮，打开"解压路径和选项"对话框，设置好解压路径后（或保持默认设置），单击"确定"按钮，即可将所选文件解压到指定的文件夹中。

图 6-27　快速解压缩文件　　　　　　图 6-28　选择需要解压的文件

6.3.2　使用 ACDSee 浏览图片

　　ACDSee 是目前最流行的图像浏览软件。使用它可以方便地浏览、管理和处理电脑中的图片。在浏览图片时，还可以利用复制、粘贴命令将图片复制到其他程序中。使用 ACDSee 浏览与编辑图片的具体操作如下。

Step 01　将 ACDSee 安装到电脑中，然后双击桌面上的 ACDSee 图标，或选择"开始" >"所有程序">"ACD Systems">"ACDSee"菜单，启动 ACDSee 程序，其操作界面如图 6-29 所示。

➢　**工具栏：**利用工具栏中的按钮可快速对所选图片进行编辑。例如，要批量调整图片大小，可在选中要调整的图片后单击"批量调整图像大小"按钮。

➢　**文件夹窗格：**用来选择存储图片的文件夹。

➢　**缩略图窗格：**以缩略图形式显示在文件夹窗格中选择的文件夹内的图片。

➢　**预览窗格：**在"缩略图"窗格中选择某幅图片后，可在预览窗格中查看该图片。

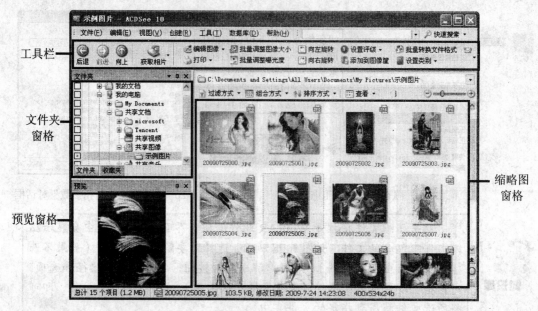

工具栏

文件夹
窗格

预览窗格

缩略图
窗格

图 6-29　浏览图片

Step 02　双击缩略图窗格中的某张图片，可以在独立窗口中查看该图片（参见图 6-30），通过窗口上方的命令按钮可以对图片进行放大、缩小、旋转、浏览下一幅等操作；通过窗口左侧的按钮可以对图片进行裁剪、增加亮度、曝光处理等操作。例如，要裁剪图片，可单击选中"选择工具"按钮。

Step 03　选中"选择工具"后，在图片上方按住鼠标左键拖动，到适当位置后释放左键，创建一个矩形选区（按住鼠标左键拖动选区周围的控制点，可调整选区的大小），如图 6-30 所示。

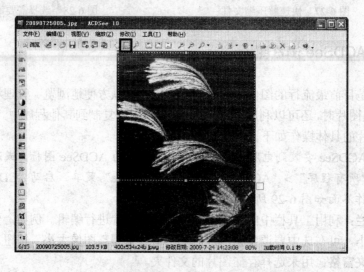

图 6-30　划定裁剪区域

Step 04　选择"编辑">"裁剪到所选范围"菜单，将图片中矩形选区以外的部分裁剪掉，如图 6-31 所示。

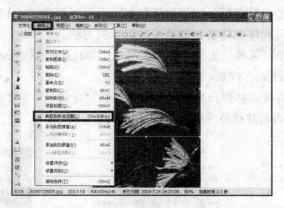

图 6-31 裁剪图片

Step 05 选择"文件">"另存为"菜单，打开"图像另存为"对话框，在对话框中设置
图片的保存位置、文件名称和保存类型，然后单击"保存"按钮，即可将裁剪
后的图片保存，如图 6-32 所示。

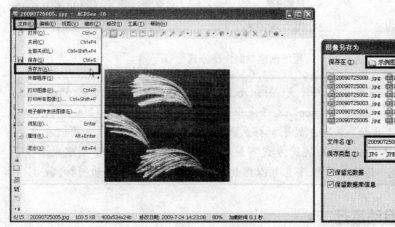

图 6-32 保存裁剪后的图片

6.4 管理应用程序

安装应用程序后，对其进行简单的管理，可以让其更好地为我们服务。本节讲述为应
用程序创建快捷启动图标、禁止应用程序自动运行、更改不可执行文件的关联程序、强制
关闭应用程序等操作。

6.4.1 创建程序桌面快捷图标

应用程序的桌面快捷启动图标（又称快捷方式）是一个指向应用程序的链接。通过双

击应用程序的快捷启动图标可快速打开相应的应用程序。对于经常使用的应用程序，最好在桌面上创建它的快捷启动图标，以便快速打开。下面以创建 Word 2003 的桌面快捷启动图标为例，介绍为应用程序创建桌面快捷启动图标的方法。

Step 01 打开"开始"菜单，选择"所有程序" > "Microsoft Office"菜单，然后将鼠标指向"Microsoft Office Word 2003"。

Step 02 单击鼠标右键，从弹出的快捷菜单中选择"发送到" > "桌面快捷方式"菜单，便可在桌面创建该程序的快捷方式，如图 6-33 所示。

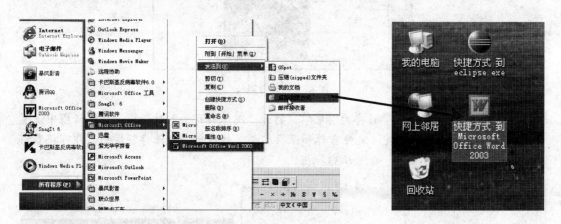

图 6-33　为程序创建桌面快捷方式

打开 Office 的安装文件夹（例如，6.2.1 节是将 Office 安装到"C:\Program Files\Microsoft Office\Office"文件夹中），在它里面找到 Word 2003 的启动图标（与在"开始"菜单中的图标样式一样），并在图标上面单击鼠标右键，选择"发送到" > "桌面快捷方式"菜单，也可为 Word 2003 创建桌面快捷启动图标。其他应用程序也可以用此方法创建桌面快捷启动图标。

6.4.2　禁止程序开机自动运行

安装某些应用程序后，只要一启动电脑，不管是否使用它，它都会自己运行，影响电脑启动速度。要禁止应用程序开机自动运行，可以执行如下操作。

Step 01 打开"开始"菜单，选择"所有程序" > "启动"菜单，在打开的子菜单中找到要禁止自动运行的应用程序，在该应用程序上单击鼠标右键，然后在弹出的快捷菜单中单击"删除"即可，如图 6-34 所示。

Step 02 有些应用程序的自启动项可能不在"启动"菜单里，要禁止该类程序开机自动运行，可打开"开始"菜单，选择"运行"，打开"运行"对话框，在"打开"编辑框中输入"msconfig"，然后单击"确定"按钮，如图 6-35 所示。

图 6-34 禁止程序自动运行　　　　　　　图 6-35 "运行"对话框

Step 03 打开"系统配置实用程序"对话框，切换到"启动"选项卡，如图 6-36 所示。

Step 04 在"启动"选项卡中都是开机时会自动运行的程序，大多数是系统自带的，必须开机时启动的进程；有些是用户自己安装的应用程序。要禁止用户安装的应用程序开机自动运行，只需取消它前面的复选框即可，例如本例中要禁止聊天软件 MSN 开机自动运行，需要取消"msnmsgr"复选框。

Step 05 单击"确定"按钮，然后重新启动电脑，即可应用设置。

要判断这些选项代表哪一个应用程序，最好的方法是通过"命令"栏中应用程序所在的文件夹来判断。通常，Windows 系统文件都在"Windows"文件夹中，这些进程是不能禁止的

图 6-36 "系统配置实用程序"对话框

6.4.3 更改不可执行文件的关联程序

默认情况下，当我们在文件夹窗口中双击某个文件时，系统会自动根据其扩展名来启动相应程序并打开文档。例如，在没安装图像处理或浏览软件（如 ACDSee）时，当我们在文件夹窗口中双击扩展名为.bmp 或.jpg 的图像文件时，系统会自动启动"Windows 图片和传真查看器"程序，并利用该程序浏览图片。

但是，当安装上 ACDSee 应用程序后，双击图像文件，系统便会自动启动 ACDSee 程序浏览图片；此时如果你不希望自动用 ACDSee 浏览，而是用"Windows 图片和传真查看器"浏览，便需要更改文件的关联程序。更改文件关联程序的步骤如下。

Step 01 打开文件夹窗口，右击要更改关联的文件，例如某.jpg 图像文件，从弹出的快捷菜单中单击"属性"，如图 6-37 所示。

Step 02 在弹出的文件属性对话框中单击"更改"按钮（参见图 6-38），打开"打开方式"对话框。

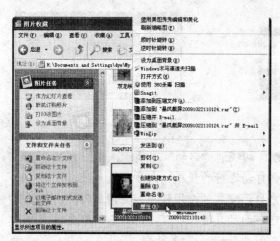

图 6-37　单击"属性"菜单项　　　　　　　　　　图 6-38　文档属性对话框

Step 03 在"打开方式"对话框中选择需要与所选文件建立关联的应用程序，例如选择"Windows 图片和传真查看器"，单击"确定"按钮，依次关闭"打开方式"对话框和文件属性对话框，如图 6-39 所示。

改变其他文件关联程序的方法与此相似，用户可试试用该方法改变一下其他文件的关联程序。

图 6-39　更改文件的关联程序

6.4.4 使用"任务管理器"强制关闭应用程序

在使用应用程序时，如果执行了非法操作，则应用程序可能会停止工作，并且无法正常关闭，这时我们可以使用 Windows XP 的"任务管理器"来结束程序，操作步骤如下。

Step 01 用鼠标右击任务栏空白区域，在弹出的快捷菜单中单击"任务管理器"（参见图 6-40 左图），打开任务管理器。

Step 02 在"应用程序"选项卡中，单击选中未响应的应用程序，然后单击"结束任务"按钮即可结束选中的应用程序，如图 6-40 右图所示。

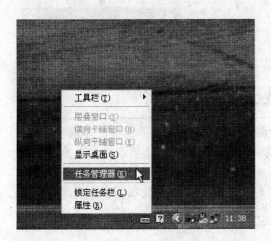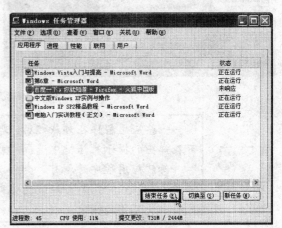

图 6-40 关闭应用程序

6.5 卸载应用程序

当安装的应用程序过多时，系统往往会变得迟缓，所以应该将不用的应用程序卸载，以节省磁盘空间和提高电脑性能。

卸载应用程序的方法有两种：一种是使用"开始"菜单进行卸载，另一种是使用"添加/删除程序"进行卸载。

6.5.1 使用"开始"菜单卸载程序

大多数应用程序会自带卸载命令，安装好应用程序后，一般可以在"开始"菜单中找到该命令。我们只需执行该卸载命令，然后按照卸载向导中的提示操作即可完成卸载。下面以卸载 QQ 2009 为例进行介绍。

Step 01 打开"开始"菜单，选择"所有程序" > "腾讯软件" > "QQ2009" > "卸载QQ2009"菜单，如图 6-41 左图所示。

Step 02 在弹出的对话框中单击"确定"按钮，开始卸载 QQ 2009，卸载完毕后在弹出的对话框中单击"确定"按钮即可，如图 6-41 右图所示。

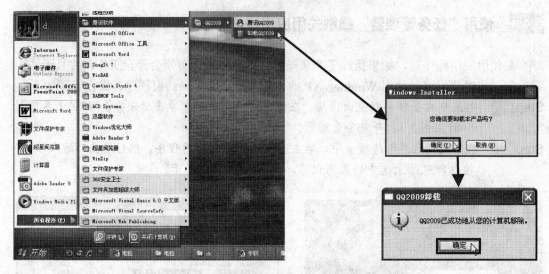

图 6-41　卸载 QQ 2009

温馨提示

　　一些应用程序在卸载之后，需要重新启动电脑，如果您暂时不想重启，可在弹出的提示对话框中选择"我稍后再重新启动"选项，以后再重启。

　　卸载应用程序时，有时会出现提示框提示您卸载某些文件可能会导致电脑运行不正常，是否卸载这些文件，可单击"No"按钮，不卸载，避免电脑出现不稳定情况。

6.5.2　使用"添加/删除程序"功能

　　有些应用程序的卸载命令可能不在"开始"菜单中，如 Office 2003、Photoshop 等，此时可以使用 Windows XP 提供的"添加/删除程序"功能进行卸载。下面以卸载 Office 2003 为例，介绍使用"添加/删除程序"卸载软件的方法。

Step 01　打开"开始"菜单，选择"控制面板"，打开"控制面板"窗口，如图 6-42 所示。

Step 02　双击"添加或删除程序"项，打开"添加或删除程序"对话框。选择要卸载的应用程序（如 Office 2003），然后单击"删除"按钮，如图 6-43 所示。

图 6-42　"控制面板"窗口

图 6-43　选择要卸载的应用程序

Step 03 一般来说，为防止用户误删除，大部分软件还会给出一个删除确认对话框，如图 6-44 所示。如无疑义，单击"是"按钮，再根据提示操作即可。

图 6-44 删除确认对话框

综合实例——使用 Word 2003 编排文档

Word 是目前最受欢迎的文字编排软件，利用它可以编排各种格式的文档，最后将其打印出来。下面通过制作图 6-45 所示的产品说明书为例，介绍使用 Word 2003 编排文档的方法。

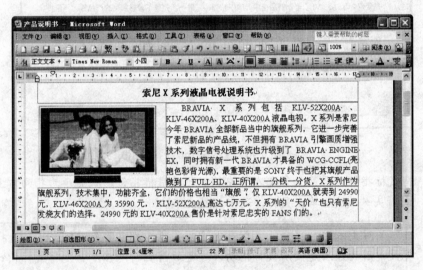

图 6-45 产品说明书最终效果

制作思路

本例主要练习在 Word 2003 中输入、编排文本，以及插入图片并设置图片格式等操作。首先创建一个 Word 2003 文档，然后输入产品说明书的文本内容，并设置标题格式，接着插入产品图片并调整其大小，设置其文本环绕方式等，最后将文档保存。

制作步骤

Step 01 安装 Office 2003 后，打开"开始"菜单，选择"所有程序">"Microsoft Office">"Microsoft Office Word 2003"菜单，可启动 Word 2003 并自动创建一个空白文档。

新建空白文档时，在工作区的左上角有一个不停闪烁的黑色竖线，称为光标，用来指示下一个输入字符出现的位置。每输入一个字符，光标自动向右移动一格。编辑文档时，可以移动鼠标光标并单击来移动光标的位置，从而确定从什么位置输入或编排文本。我们也可以使用键盘移动光标位置。

Step 02 选择一款汉字输入法，然后在 Word 文档中输入图 6-46 所示的文本。在换行时按【Enter】键。

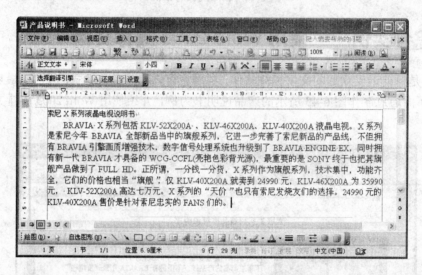

图 6-46　输入说明书内容

Step 03 将鼠标指针移至第 1 行文本的左侧，此时鼠标指针形状显示为指向右上方的斜向箭头，然后单击鼠标，选中标题文本。

对文本进行移动、复制或删除操作时，都需要先选择文本。选择文本最常用的方法是使用鼠标拖动来选定所需要的内容。首先将鼠标指针移至要选定文本的开始位置，按住鼠标左键移动到要选定文本的结束位置，释放鼠标左键即可，被选择的文本将反白显示，如：被选择的文本将反白显示。表 6-2 列出了其他使用鼠标选择文本的方法。

表 6-2　选择文本的常用方法

要选择的文本	操作方法
一个单词	双击该单词
一行文字	将鼠标指针移至该行的最左边，待指针变为形状后，单击鼠标左键
多行文字	将鼠标指针移至该行左侧，待指针变为形状后，向上或向下拖动鼠标
一个段落	将鼠标指针移到该段任何一行的最左端，待指针变为形状后，双击鼠标左键；或者在该段内的任意位置，连击 3 次鼠标左键

续表 6-2

要选择的文本	操作方法
多个段落	将鼠标指针移至该段任何一行的最左端，待指针变为 ∮ 形状后，单击鼠标左键，并向上或向下拖动鼠标
一个句子	按住【Ctrl】键，单击句子中的任何位置，可选中两个句号中间的一个完整的句子
矩形文本区域	将光标置于文本的一角，然后按住【Alt】键，拖动鼠标到文本块的对角，即可选择一块文本
不连续的文本	先选定第一个文本区域，然后按住【Ctrl】键，再选定其他文本区域
较大的文本块	单击要选择内容的起始处，滚动到要选择内容的结尾处，然后按住【Shift】在要结束选择的位置单击
整篇文档	选择"编辑"菜单中的"全选"；将鼠标指针移至文档任一行的左边，待光标变为 ∮ 形状后，连击 3 次鼠标左键。

Step 04 在"字体"下拉列表中选择一种字体，如"宋体"，如图 6-47 所示；在"字号"下拉列表中选择一种字号，如四号，如图 6-48 所示。设置文档标题的字体样式。

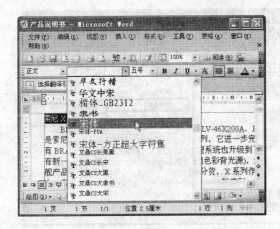

图 6-47 设置字体

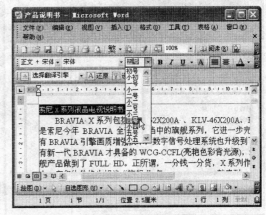

图 6-48 设置字号

除了上述方法外，我们还可以选择"格式"＞"字体"菜单，在弹出的"字体"对话框中对选中文本的字体样式进行详细设置，如图 6-49 所示。

Step 05 单击"加粗"按钮 **B**，加粗显示标题（再次单击"加粗"按钮可取消文本加粗效果）；单击"居中对齐"按钮 ☰，居中显示标题，如图 6-50 所示。

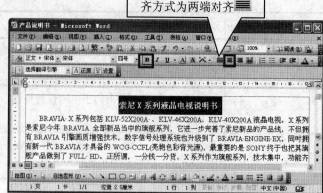

图 6-49 "字体"对话框   图 6-50 加粗并居中显示标题

要设置对齐方式、段间距等段落格式，还可以选择"格式">"段落"菜单，在弹出的"段落"对话框中设置选中段落的格式，如图 6-51 所示。

Step 06　将光标定位在文档正文的起始位置，然后选择"插入">"图片">"来自文件"菜单（参见图 6-52），打开"插入图片"对话框。

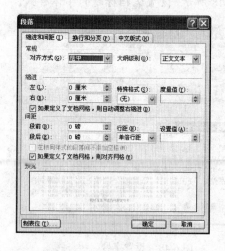

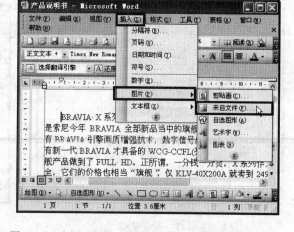

图 6-51 "段落"对话框   图 6-52 选择"插入">"图片">"来自文件"菜单

Step 07　在"查找范围"下拉列表中选择图片的保存位置（用户可随意选择电脑中的一张图片），然后选中要插入的图片，单击"插入"按钮，如图 6-53 所示。

Step 08　插入图片后，单击选中图片，在图片周围会出现 8 个控制点，按住鼠标左键拖动任意控制点，可改变图片大小，如图 6-54 所示。拖动 4 个角的控制点可以等比例调整图片大小。

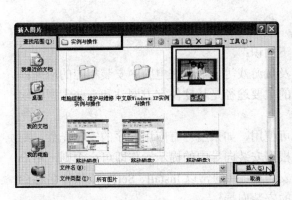

图 6-53 选择要插入的图片　　　　　　　　　图 6-54 调整图片大小

Step 09 右击图片，在弹出的快捷菜单中选择"设置图片格式"（参见图 6-55 左图），打开"设置图片格式"对话框。

Step 10 在"设置图片格式"对话框中，切换到"版式"选项卡，选择图片的文本环绕方式，本例选择"四周型"，然后选择一种水平对齐方式，本例选择"左对齐"单选钮，最后单击"确定"按钮，应用设置，如图 6-55 右图所示。

在"大小"选项卡中可设置图片的高度、宽度等；在"图片"选项卡中可设置图片的亮度、对比度等；在"颜色与线条"选项卡中可设置图片的填充颜色和线条颜色，用户可自行设置

图 6-55 设置图片的文本环绕方式

图片在插入后默认是"嵌入型"，此时可像移动普通字符一样移动图片。设置为其他环绕方式后，便可以用鼠标拖动的方式将图片拖到文档任何位置。

Step 11 至此，产品说明书已经制作完成，单击"保存"按钮，将文档保存即可。

本章小结

通过本章的学习，读者应该重点掌握以下知识：

➢ 要用电脑编排文档、制作动画，以及玩游戏等，需要在电脑中安装相应的应用程序才能进行。目前，我们获取软件的主要途径是从软件官方网站和一些大型的软件下载站点下载。

➢ 大多数应用程序需要在安装之后才可使用，如果用户有应用程序的安装光盘，则将其放入光驱后通常会自动运行，根据安装向导中的提示操作即可；否则，用户需要找到应用程序所在文件夹中的安装程序（通常以 Install、Setup 或软件名称命名）并双击它，即可运行应用程序的安装向导。

➢ 对于经常使用的应用程序，最好为其在桌面创建一个快捷启动图标；对于开机自动运行的非系统自带程序，可根据需要禁止或允许其开机自动运行。此外，某一类型的文件可以由多个程序打开，用户可为其设置默认使用的程序。

➢ 卸载应用程序有两种方法，一是通过"开始"菜单执行其卸载命令，一是通过 Windows XP 系统的"添加/删除程序"功能。

思考与练习

一、填空题

1. 如果应用程序的安装程序没有自动运行，则需要在存放应用程序的文件夹中找到_____或_____安装程序，双击它便可进行应用程序的安装操作。

2. 卸载应用程序的方法有两种：一种是_____，另一种是_____。

3. 应用程序的_____是一个指向应用程序的链接。通过双击应用程序的_____可快速打开相应的应用程序。

4. 使用 Windows XP 的_____可以结束程序。

5. 安装好应用程序后，一般可以在_____中找到应用程序的卸载命令。

二、选择题

1. 下面关于获取软件说法错误的是（ ）

   A. 购买软件安装光盘

   B. 从软件官方网站下载

   C. 从软件下载站点下载

   D. 从 Windows XP 安装光盘中获取

2. 下列网站不属于软件下载站点的是（ ）

   A. 华军软件园　　　　　　　　B. 开心网

   C. 新浪下载　　　　　　　　　D. 天空软件站

3. 下面关于软件说法错误的是（　　）

    A. Office 包含 Word、Excel 等多个组件

    B. ACDSee 只能浏览图片无法编辑图片

    C. 可以用 Photoshop 编辑图片

    D. 用 WinRAR 可以压缩/解压缩文件

4. 下面关于关闭应用程序的说法错误的是（　　）

    A. 单击程序窗口上的"关闭"按钮

    B. 将程序窗口切换为当前窗口，然后按【F4】键

    C. 利用"任务管理器"

    D. 双击程序窗口的标题栏

三、操作题

1. 创建一个文本文件并用 WinRAR 压缩。

2. 为电脑中的某一应用程序创建桌面快捷图标。

3. 使用"添加/删除程序"功能卸载不需要的应用程序。

第7章
娱乐新天地

章前导读

　　电脑不仅为我们的工作带来了方便，它还具有强大的娱乐功能。我们可以通过电脑欣赏高质量的音乐、电影，还可以录声音、玩游戏等。在本章中，我们将向读者介绍Windows XP自带多媒体播放器和录音机的使用方法，以及部分游戏的玩法。

7.1　听音乐

　　Windows XP 提供了一个多媒体播放器——Windows Media Player，利用它可以播放 CD 唱盘、WAV、MP3、MIDI 等音频文件。

7.1.1　用 Windows Media Player 播放音乐

　　用 Windows Media Player 播放音乐文件的操作步骤如下。

Step 01　打开"开始"菜单，选择> "所有程序" > "Windows Media Player"菜单，启动 Windows Media Player，然后选择"文件" > "打开"菜单（参见图7-1），打开 "打开"对话框。

温馨提示

　　如果是第一次使用 Windows Media Player，会首先打开图 7-2 所示的对话框，让用户对 Windows Media Player 进行设置。只需一路单击"下一步"按钮，在最后出现的对话框中单击"完成"按钮，便会出现 Windows Media Player 播放窗口了。

图 7-1　选择"文件">"打开"菜单　　　　图 7-2　设置 Windows Media Player

Step 02　在"打开"对话框中选择要播放的歌曲（按住【Ctrl】键依次单击可选择多个音频文件），然后单击"打开"按钮，如图 7-3 所示。这时所选音频文件会被添加到 Windows Media Player 右侧的"正在播放"列表中，并自动播放。

Step 03　单击播放器左侧的"正在播放"项，可看到正在播放的歌曲，双击播放器右侧播放列表中的音频文件名可切换到该文件播放，如图 7-4 所示。

图 7-3　选择要播放的歌曲　　　　图 7-4　Windows Media Player 播放窗口

　　Windows Media Player 播放窗口底部的面板用于播放控制，面板中各按钮的功能和使用方法如下：

- 单击"暂停"按钮 将暂停歌曲播放，此时"暂停"按钮 变为"播放"按钮 ，再次单击该按钮可以恢复播放。
- 单击"停止"按钮 将停止歌曲播放。
- 单击"静音"按钮 将在静音与非静音之间切换。
- 拖动"音量"按钮 中的滑块可以调节音量的大小。
- 单击"上一个"按钮 将切换到上一首歌曲。

> 单击"下一个"按钮  将切换到下一首歌曲。
> 拖动"定位"条 中的滑块可以控制歌曲的播放进度。

7.1.2 管理音乐文件

如果用户电脑中保存了多个音乐文件，则可以利用 Windows Media Player 分类整理这些文件，从而在播放时更加方便。

Step 01 在 Windows Media Player 窗口中单击"媒体库"。如果是第一次单击"媒体库"的话，系统将弹出图 7-5 左图所示的对话框，询问用户是否搜索电脑中的媒体。

Step 02 如果用户电脑中的文件较多，则搜索将会耗费很长的时间。因此，这里通常单击"否"按钮，打开图 7-5 右图所示的媒体文件管理画面，单击"添加"按钮，从弹出的列表中选择"添加文件夹"，打开"添加文件夹"对话框。

图 7-5 打开"添加文件夹"对话框

Step 03 在"添加文件夹"对话框中选择存放音乐文件的文件夹，然后单击"确定"按钮，如图 7-6 左图所示。系统开始对所选文件夹进行搜索，搜索结束后，在打开的图 7-6 右图所示的对话框中单击"关闭"按钮。

图 7-6 添加音乐文件夹

Step 04 此时，Windows Media Player 会自动将搜索到的音乐文件按 "艺术家"、"唱片集" 和 "流派" 分别进行分类整理，如图 7-7 所示。

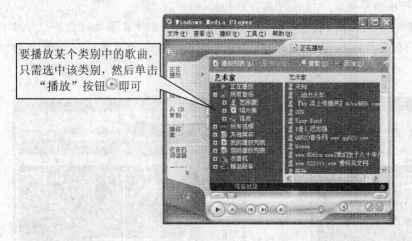

要播放某个类别中的歌曲，只需选中该类别，然后单击 "播放" 按钮即可

图 7-7 搜索文件夹结束后的媒体文件管理画面

7.1.3 创建和使用播放列表

在使用 Windows Media Player 或其他音乐播放器时，我们还可以手动创建多个播放列表，并将喜爱的歌曲分类添加到播放列表中，以方便播放。创建播放列表的具体操作如下。

Step 01 启动 Windows Media Player，单击 "媒体库" 按钮，然后单击 "播放列表" 按钮，在弹出的列表中选择 "新建播放列表"，如图 7-8 所示。

Step 02 在打开的 "新建播放列表" 对话框的 "播放列表名称" 编辑框中输入播放列表名称，如 "古典音乐"，在左侧的音乐列表中单击音乐分类名称，展开其内容，然后依次单击歌曲名称，将其添加到右侧的播放列表中，如图 7-9 所示。

图 7-8 选择 "新建播放列表" 选项

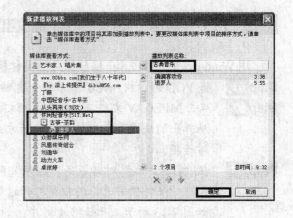

图 7-9 命名播放列表并添加歌曲

Step 03 设置结束后，单击 "确定" 按钮，返回媒体文件管理画面，新建的播放列表将

出现在"我的播放列表"类别中，如图 7-10 所示。

Step 04 选中播放列表，然后单击播放器下方的"播放" ⊙ 按钮（也可直接双击播放列表），系统将按顺序播放"播放列表"中的歌曲。

Step 05 如果希望重新编辑播放列表中的内容，或者重排序、重命名播放列表等，可以右击播放列表名称，然后从弹出的快捷菜单中选择相应的菜单项，如图 7-11 所示。

图 7-10　查看新创建的播放列表　　　　　　图 7-11　播放列表快捷菜单

7.2　看电影

除了播放音频文件外，利用 Windows Media Player 还可播放 DVD 影片、AVI、ASF、MPG 等视频文件。不过对于 RM、RMVB 等视频格式，以及一些具有特殊编码的视频文件，Windows Media Player 无法播放，所以本节还要介绍其他播放器的使用方法。

7.2.1　用 Windows Media Player 播放电影

用 Windows Media Player 播放影片的具体操作如下。

Step 01 将 VCD 影盘放入光驱，系统会自动打开光盘浏览窗口，如图 7-12 左图所示。

Step 02 双击 MPEGAV 文件夹，打开视频文件列表，右击文件列表中的某个 DAT 文件，从弹出的快捷菜单中单击"打开方式"（参见图 7-12 右图），打开"打开方式"对话框。

Step 03 在"打开方式"对话框的"程序"列表中选中"Windows Media Player"，然后勾选"始终使用选择的程序打开这种文件"复选框，最后单击"确定"按钮，如图 7-13 所示。开始播放影片，如图 7-14 所示。

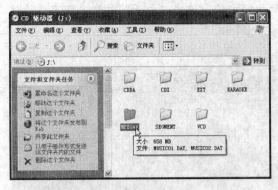

图 7-12　浏览光盘中的文件

温馨提示

　　若先启动 Windows Media Player 播放器，则选择"文件"＞"打开"菜单，然后在出现的对话框中找到并选中要播放的视频文件，单击"打开"按钮也可播放视频。

图 7-13　选择要使用的播放程序　　　　　　图 7-14　播放影片

7.2.2　用"暴风影音"播放电影

　　下面向您介绍一款目前最流行的媒体播放软件——暴风影音，它能播放任何格式和编码的视频文件。下面以使用"暴风影音 2009"为例进行介绍。

Step 01　要播放 DVD 影片，需要首先将 DVD 光盘放入光驱，暴风影音会自动启动并播放视频（因为暴风影音在安装时自动关联了 DVD 影片的格式）。

Step 02　要播放电脑硬盘中的视频文件，可打开"开始"菜单，选择"所有程序"＞"暴风影音"＞"暴风影音"菜单，启动暴风影音软件，然后单击"正在播放"按钮右侧的■按钮，在弹出的列表中选择"打开文件"（参见图 7-15 左图），打开"打开"对话框。

Step 03 在"打开"对话框中选择要播放的视频文件，单击"打开"按钮，即可播放该文件。影片的播放画面如图 7-15 右图所示。

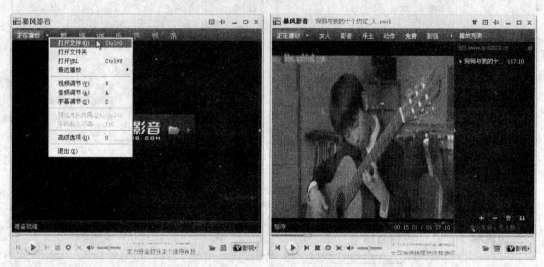

图 7-15　用暴风影音播放影片

Step 04 要全屏播放影片，可在影片播放窗口中双击鼠标，或在影片播放窗口中单击鼠标右键，从弹出的快捷菜单中选择"全屏"。要恢复窗口播放，可在全屏的影片播放窗口中双击鼠标。

Step 05 利用播放器底部的控制按钮和滑块可控制影片播放进度，以及调节影片音量。

7.3 录声音

如果有兴趣的话，用户可以使用 Windows XP 中的"录音机"程序录制声音，以及对声音进行增大音量、减小音量、删减片段等处理。录音前，需要将麦克风插入主机背后的麦克风插扎。

7.3.1 用"录音机"录制声音

用录音机录制声音的操作步骤如下。

Step 01 打开"开始"菜单，选择"所有程序" > "附件" > "娱乐" > "录音机"菜单，启动"录音机"程序，其操作界面如图 7-16 所示。

Step 02 双击任务栏中的音量控制图标 ，打开"音量控制"面板。将"线路输入"和"麦克风"音量调到最大，设置好后，关闭"音量控制"面板，如图 7-17 所示。

温馨提示

> 如果"音量控制"面板中没有显示"线路输入"和"麦克风"选项，可选择"选项" > "属性"菜单，打开"属性"对话框，选择"录音"单选钮，并选中"线路输入"和"麦克风"复选框。

 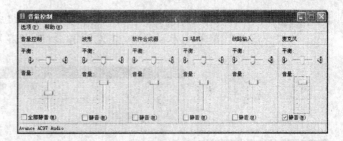

图 7-16　录音机操作界面　　　　　　　　图 7-17　"音量控制"面板

Step 03　在录音机操作界面中单击"录音"按钮 ● 开始录音（对着麦克风说话时，录音机操作界面中将显示声音波形图），录音结束后单击"停止"按钮 ■ 停止录音，如图 7-18 所示。

Step 04　要保存录制的声音，可选择"文件">"保存"菜单，打开"另存为"对话框。

Step 05　在"另存为"对话框中设置声音文件的保存位置、名称以及保存类型，然后单击"保存"按钮即可，如图 7-19 所示。

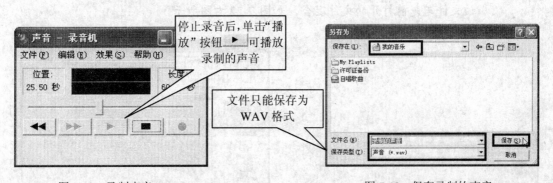

图 7-18　录制声音　　　　　　　　　　图 7-19　保存录制的声音

　　Windows XP 的录音机默认情况下只能录 60 秒的声音，如果要录制超过 60 秒的声音，可在滑块到达最右端后，单击 ● 按钮继续录音。

7.3.2　编辑录制的声音

我们可以利用"录音机"对录制的声音进行简单的编辑，如改变音量大小、添加回音等，具体操作如下。

Step 01　启动"录音机"程序，选择"文件">"打开"菜单，在弹出的"打开"对话框中选择要编辑的声音文件，单击"打开"按钮，如图 7-20 所示。

Step 02　要增大、降低音量，使声音加速、减速，为声音添加回音，或者反转声音，可以选择"效果"菜单中的相应菜单项，如图 7-21 所示。

Step 03 如果希望在当前文件中插入其他声音文件组成混音，可选择"编辑">"与文件混音"菜单（参见图 7-22 左图），打开"混入文件"对话框。

图 7-20 打开要编辑的声音文件   图 7-21 设置声音效果

Step 04 在"混入文件"对话框中选择要插入的声音文件，单击"打开"按钮，即可将该文件与先前打开的文件混合，如图 7-22 右图所示。

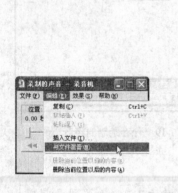
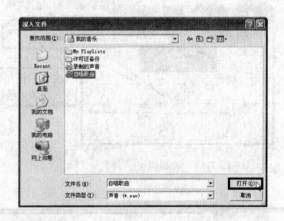

图 7-22 与文件混音

Step 05 要删除声音头部的某一段声音，可在播放到要删除声音的末端时，暂停播放，然后选择"编辑">"删除当前位置以前的内容"菜单。

Step 06 要删除声音尾部的某一段声音，可在播放到要删除声音的始端时，暂停播放，然后选择"编辑">"删除当前位置以后的内容"菜单。

7.4 玩游戏

为了让用户在工作之余进行简单的娱乐，Windows XP 自带了一些小游戏，如扫雷、纸牌、空当接龙、红心大战等，要打开这些游戏，可打开"开始"菜单，然后选择"所有程序">"游戏"菜单，在弹出的子菜单中选择想玩的游戏，如图 7-23 所示。

图 7-23　Windows XP 自带的游戏

7.4.1　扫雷

扫雷游戏是一款很不错的益智游戏，任务是以最快的速度将地雷全部找出来，若是不小心踩到了地雷，任务就失败了。扫雷游戏的玩法如下。

Step 01　打开"扫雷"游戏窗口，随机单击几处翻开部分区域，如图 7-24 左图所示。如果踩到了地雷，请单击窗口上方的 ☺ 按钮，重新开始游戏。

Step 02　在"扫雷"游戏窗口中，每个方格中的数字用来说明该方格周围 8 个方向的地雷数。例如，在图 7-24 左图中，我们用圆圈选中的"1"，表明其周围只有 1 颗地雷，现在该方格周围只有右下角未翻开，显然，该方格必为地雷，为此，可右击未翻开的方格，将其插上地雷标志，如图 7-24 中图所示。

Step 03　我们再来看看图 7-24 中图用圆圈圈选的"1"，由于这个方格的数值为 1，且其周围已有一颗地雷。因此，可以断定，该方格右下角的方格肯定不是地雷。为此，可直接使用鼠标左键单击该方格，将其翻开，如图 7-24 右图所示。

图 7-24　"扫雷"游戏之一

> 如果某个数字方格的周围已被插上若干地雷标记，且该数字与地雷数相等，那可以确定其他未翻开的方格肯定不是地雷。此时可以通过将光标指向数字方格（参看图 7-24 中图中的圆圈"1"），然后同时按下鼠标左键和右键，来最大限度地翻开数字方格周围未翻开的方格。

Step 04 基于前面所述，可以判定图 7-24 右图圆圈圈选的"2"右下角那个未翻开的方格肯定是地雷。因此，可直接为其插上地雷标记，如图 7-25 左图所示。

Step 05 基于前面所述，可以判定图 7-25 左图圆圈圈选的"1"右上角未翻开的方格肯定是地雷。因此，可直接为其插上地雷标记，如图 7-25 中图所示。

Step 06 用同样的方法，继续在其他方格插上地雷标记或者将其翻开，直至全部方格被翻开或插上地雷标记，如图 7-25 右图所示。

图 7-25 "扫雷"游戏之二

Step 07 扫雷结束后，如果成绩较好的话，系统会弹出一个图 7-26 左图所示对话框，可将您的大名输进去。决定游戏成绩的是翻开方格并标记所有地雷所用的时间，时间越短，成绩越好。

Step 08 单击"确定"按钮，系统将弹出图 7-26 右图所示的"扫雷英雄榜"对话框。如果单击"确定"按钮，将回到上次扫雷结束画面；如果单击"重新计分"按钮，表示重新开始扫雷。

图 7-26 扫雷结束

Step 09 如果玩得越来越熟练，可通过选择"游戏"菜单中的"中级"或"高级"，提高游戏的级别。

下面我们再来对扫雷游戏的玩法进行简单总结。

- 在随机翻开部分区域后，仔细观察画面，看看通过哪些数字可以判断出哪些方格肯定是地雷，从而通过右击这些方格为其插上地雷标记。
- 通过观察数字和地雷标记，判定哪些数字周围的地雷都已被标记。如果找到这些数字的话，可以首先将光标指向该数字，然后通过同时按下鼠标左键和鼠标右键，翻开该数字周围全部未翻开的方格。

7.4.2　纸牌

纸牌游戏的目标是利用左上角牌叠中所有的牌，配合下方牌叠中的牌，在右上角组成以 A 打头，从 A 到 K 顺序排列的 4 组花色牌叠。纸牌游戏的玩法如下。

Step 01 打开"纸牌"游戏窗口，如图 7-27 所示。在"纸牌"游戏窗口中如果显示的牌中有 A，则双击 A 会将它移动到右上角的空位当中，如图 7-28 所示。

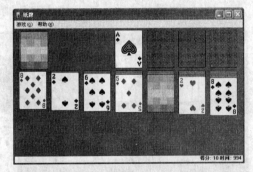

图 7-27　"纸牌"游戏窗口　　　　图 7-28　双击 A 牌将其移至右上角方格中

Step 02 由于右上角方格中已有黑桃 A，因此可以直接双击黑桃 2，将其移至右上角黑桃 A 的上方。对于下面的牌，可以进行异色（黑、红相间），从大到小排列，因此可以单击方块 5（也可以同时移动多张），将其拖至黑桃 6 的下方，如图 7-29 所示。

Step 03 单击翻开图 7-29 中的三张牌，结果如图 7-30 所示。

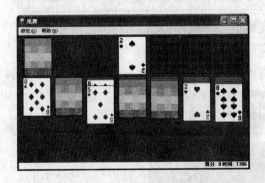

图 7-29　对下面的牌进行异色、从大到小排列　　　　图 7-30　翻牌

Step 04 参照上述方法，继续翻牌或移牌。如果在下面已无法移牌，则可以单击窗口左

上角的牌，打开 3 张中间牌，然后看看能否借助其中最上面的牌来辅助翻开下面的牌，从而使游戏继续，如图 7-31 所示。

经验之谈

> 　　单击左上角的牌可循环显示其中的牌，3 张一组，同时，正因为该组牌是成组排列的，因此，移动某组中最上面的牌后，其他的牌序会改变，从而可以选择其他牌。在很多情况下，左上角的一叠牌是将"死牌"变为"活牌"的关键，因此，请仔细观察其中都有哪些牌，然后再决定如何使用它们。
> 　　左上角叠牌与下面叠牌的使用方法一样，例如，可以双击最上面的牌将其放入右上角方格，或者将其拖至下面叠牌。

Step 05　图 7-32 显示了移牌成功后出现的画面，状态栏显示了成绩。若想再玩，可按【Esc】键，在弹出的对话框中单击"是"按钮就可以了。如果无法继续游戏，表示此次游戏失败，可以按【F2】键或选择"游戏" > "发牌"菜单重新开始游戏。

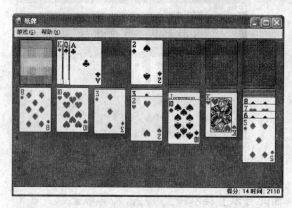

图 7-31　翻开中间牌

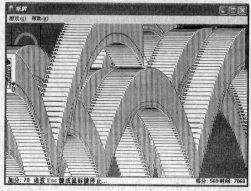

图 7-32　游戏结束

经验之谈

> 　　纸牌一共 7 栏。如果经过移动，有空出栏的话，可以将其他以 K 开始的叠牌移至空栏处，如图 7-33 所示。另外，如果需要的话，还可将移至右上角方格中的牌重新移至下面的叠牌，从而便于调整下面的叠牌。

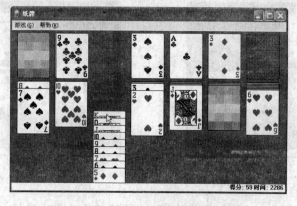

图 7-33　将 K 开头的叠牌移至空出的栏

7.4.3　空当接龙

"空当接龙"游戏与前面介绍的纸牌游戏的玩法基本相同，只是在纸牌游戏中左上角的叠牌换成了四个周转方格。当用户无法移动下面的任何牌时，可以利用周转方格协助移牌。

启动空当接龙游戏后，选择"游戏"＞"开局"菜单即可开始游戏，如图 7-34 左图所示。图 7-34 右图显示了开局后中间画面。

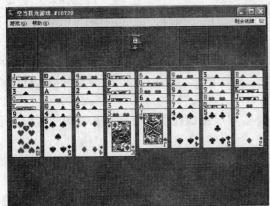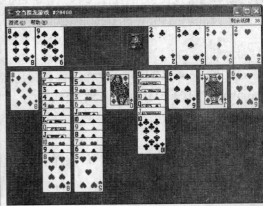

图 7-34　"空当接龙"游戏窗口

空当接龙游戏的玩法如下。

Step 01　开局后，仔细观察牌型，看看通过调整哪些牌，使 A 牌露出来。一旦 A 牌露出来，它会自动移至右上角方格。

Step 02　各列牌的顺序也是从大到小、异色（黑红相间）排列。要移动牌，可首先单击要移动的牌，然后在目标位置单击。

Step 03　要将某张牌移至右上角方格，可首先单击该牌，然后在右上角方格的选定方格处单击。

Step 04　一旦无法腾挪下面的叠牌，可双击某张牌，使其移至左上角方格。

Step 05　每次可移动的叠牌数取决于当前周转方格和下面空栏的数量。

Step 06　对于任意牌开始的叠牌，均可将其移至空栏，这与上面介绍的"纸牌"游戏有所不同。

本章小结

通过本章的学习，读者应该重点掌握以下知识：

➤ 利用 Windows Media Player 可以听音乐、看电影，利用其底部的控制按钮可控制媒体播放，如声音大小、快进与快退。播放音乐时，可以创建播放列表，顺序播放喜欢的歌曲；对于 Windows Media Player 不能播放的媒体文件，则可以使用其他多媒体播放器播放，如"暴风影音"。

> 当电脑中安装多个多媒体播放器时，右击要播放的媒体文件，选择"打开方式"，在弹出的对话框中可以选择要使用的多媒体播放器。
> 在用"录音机"录制声音时，最好找一个安静的环境，且将话筒声音调高，然后对着麦克风或耳机上的话筒说话或唱歌即可。录制好声音后，还可以利用"录音机"的"效果"与"编辑"菜单对声音进行编辑和处理。

思考与练习

一、填空题

1. Windows XP 提供了一个多媒体播放器＿＿＿＿＿＿＿＿＿，利用它可以播放 CD 唱盘、WAV、MP3、MIDI 等音频文件。

2. 使用目前最流行的多媒体播放器＿＿＿＿＿＿＿可以播放几乎所有格式和编码的视频文件。

3. 打开"开始"菜单，然后选择＿＿＿＿＿＿＿＿＿菜单，在弹出的子菜单中可以选择想玩的游戏。

二、选择题

1. 下面关于 Windows Media Player 说法错误的是（ ）

    A. 用 Windows Media Player 可以播放音频和视频文件

    B. 我们可以在 Windows Media Player 中创建多个播放列表

    C. 拖动"定位"条▬▬▬▬▬中的滑块可以控制歌曲的播放进度

    D. 用 Windows Media Player 可以播放音乐但不能对音频文件进行分类

2. 下列文件类型中不属于视频文件的是（ ）

    A. AVI   B. RMVB

    C. MP3   D. MPG

3. 默认情况下，录音机录制的声音长度只有（ ）

    A. 1 分钟   B. 5 分钟

    C. 10 分钟   D. 30 分钟

4. 下列游戏中不属于 Windows XP 自带游戏的是（ ）

    A. 扫雷   B. 纸牌

    C. 斗地主   D. 空当接龙

三、操作题

1. 在 Windows Media Player 中创建一个播放列表并添加音频文件。

2. 用"暴风影音"播放电脑中的某一影片。

3. 用"录音机"录制一段声音。

第 8 章
办公和数码设备的使用

章前导读

　　如果有一台打印机，您可以把它与电脑连接，这样就可以把设计精美的作品呈现在纸上了；如果您还拥有数码相机、手机、数码摄像头等设备，同样可以把它们与电脑结合起来使用。本章便来介绍常用办公和数码设备的使用方法。

8.1　使用打印机

　　要使用打印机，首先应该将打印机连接到电脑主机上，然后为其安装驱动程序，最后在应用程序中打印文档。

8.1.1　连接打印机

　　目前的打印机主要有两种接口，一种是并行接口，一种是 USB 接口，也有的打印机同时带有并行接口和 USB 接口。相应地，用来连接电脑和打印机的信号电缆也有两种，一种是并行电缆，一种是 USB 电缆，如图 8-1 所示。下面以连接使用 USB 电缆的打印机为例介绍打印机的连接方法。

Step 01 将电源线的一端插入打印机的电源接口，另一端插入电源插座。

Step 02 将 USB 电缆的一端连接到打印机的数据线接口，如图 8-2 左图所示；将数据线的另一端插入电脑的 USB 接口（参见图 8-2 右图），然后开启打印机电源即可。

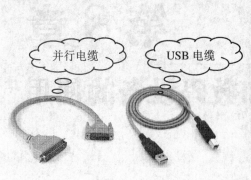

图 8-1　信号电缆　　　　　　　　　　图 8-2　连接打印机

　　要连接并行接口打印机，首先应关闭电脑，然后再连接，以防止损坏接口。连接 USB 接口打印机时，可以直接带电连接。

8.1.2　安装打印机驱动

　　驱动程序是连接操作系统和硬件之间的一个接口，操作系统需要通过它来同硬件进行通信，使用和管理电脑中的硬件。只有为各硬件安装上正确的驱动程序，硬件才能发挥其性能。例如，没有网卡驱动，便不能使用网络；没有打印机驱动，便不能使用打印机。下面以安装 hp deskjet 9600 系列打印机的驱动程序为例进行介绍。

Step 01　将打印机连接到电脑后，电脑会自动检测到安装的设备，并在任务栏中提示"发现新硬件"，稍后在打开的"找到新的硬件向导"对话框中，单击"取消"按钮，关闭对话框，如图 8-3 所示。

Step 02　将随机附带的打印机驱动光盘放入光驱，光盘会自动运行。

Step 03　此时，系统将打开"hp deskjet 9600 系列 CD 浏览器"画面，单击"安装打印机驱动程序"按钮，如图 8-4 所示。

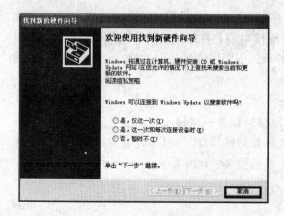
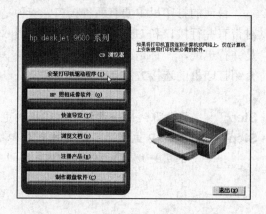

图 8-3　提示找到新硬件　　　　　　图 8-4　"hp deskjet 9600 系列 CD 浏览器"画面

Step 04 打开 "hp deskjet 9600 系列安装程序" 对话框，单击 "下一步" 按钮，如图 8-5 所示。

Step 05 在打开的选择打印机连接方式画面中选择 "直接连接计算机" 单选钮，然后单击 "下一步" 按钮，如图 8-6 所示。

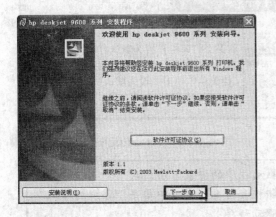 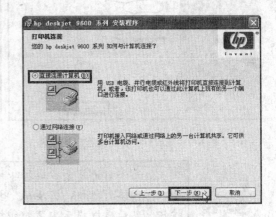

图 8-5 "hp deskjet 9600 系列安装程序" 对话框 　　图 8-6 选择打印机的连接方式

Step 06 在打开的连接器类型画面中选择打印机连接类型，本例选择 "USB 电缆" 单选钮，然后单击 "下一步" 按钮，如图 8-7 所示。

Step 07 在打开的安装类型画面中选择 "典型安装" 单选钮，然后单击 "下一步" 按钮，如图 8-8 所示。

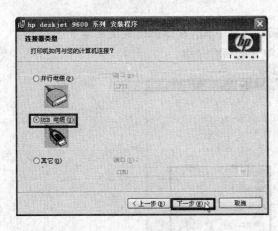

图 8-7 选择连接类型 　　　　　　　　　　图 8-8 选择安装类型

Step 08 根据系统提示完成驱动程序的安装，在出现的安装成功画面中单击 "完成" 按钮，如图 8-9 所示。

Step 09 打开 "开始" 菜单，单击 "打印机和传真"，打开 "打印机和传真" 窗口，即可看到新添加的打印机图标，如图 8-10 所示。

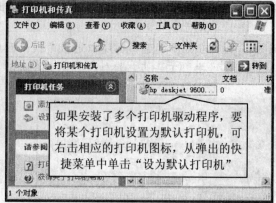

图 8-9 完成打印机驱动程序的安装   图 8-10 查看已安装的打印机

上面介绍的是大多数打印机驱动程序的安装方法，对于一些较老的打印机和网络打印机，需要从"打印机和传真"窗口中单击"添加打印机"按钮，然后根据提示安装打印机驱动程序。

8.1.3 设置打印机属性

安装好打印机后，如果需要的话，我们可以修改打印机的默认设置。例如，设置打印纸张的规格和类型，打印质量（正常或草稿）和打印颜色（彩色或灰度）等，具体操作如下。

Step 01 在"打印机和传真"窗口中右击安装好的打印机，在弹出的快捷菜单中选择"打印首选项"，打开图 8-11 所示的打印首选项对话框。

图 8-11 设置打印机属性

Step 02　在打印首选项对话框左侧的"打印快捷方式"列表区选择某种打印快捷方式，如果需要的话，还可利用对话框右侧的各设置项调整该快捷方式的默认设置，然后单击"确定"按钮，即可完成设置。

8.1.4　打印文档

要将文档通过打印机打印出来，通常可在编辑文档的应用程序中选择"文件" > "打印"菜单来进行，具体操作如下。

Step 01　在编辑文档的应用程序中选择"文件" > "打印"菜单，如图 8-12 所示。

Step 02　在打开的"打印"对话框中选择要使用的打印机，然后单击"打印"按钮，即可将文件打印出来，如图 8-13 所示。

图 8-12　选择"文件" > "打印"菜单

图 8-13　"打印"对话框

8.1.5　管理打印任务

如果用户在发出打印命令后，发现打印错了，希望终止打印；或者打印文档较多，需要调整打印顺序。此时都需要借助打印任务管理窗口来进行，具体操作如下。

Step 01　当用户发出打印命令后，任务栏右侧就会出现 图标，表示存在着打印任务。双击该图标将打开打印任务管理窗口，如图 8-14 所示。

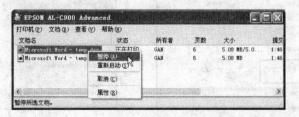

图 8-14　打印任务管理窗口

Step 02 在打印任务管理窗口中显示了将要打印的文件队列，利用该窗口的"打印机"、"文档"菜单，可以对队列中的任务进行暂停、取消（即为删除操作，也可选择某项任务后按【Delete】键，或单击鼠标右键，从弹出的快捷菜单中选择"取消打印"）等操作。

Step 03 要改变打印队列顺序，可以直接上下拖动窗口中的任务。

8.2 使用数码设备

Windows XP 对目前流行的一些数码设备提供了完美支持，例如 MP4 播放器、手机、数码相机、摄像头等。这些数码设备同 Windows XP 相辅相成，丰富了我们的生活。

8.2.1 管理 MP4 播放器中的音、视频文件

利用 Windows XP，我们可以随时删除 MP4 播放器中的音、视频文件，也可以随时将本地硬盘或光盘中的音、视频文件传输到 MP4 播放器中。下面是在 Windows XP 中管理 MP4 播放器中音、视频文件的方法。

Step 01 将 MP4 播放器的 USB 数据线一端插入 MP4 接口，另一端插入电脑的 USB 接口。

温馨提示　　连接 MP4 后，如果系统自动弹出可移动磁盘或自动播放对话框，直接将其关闭即可。

Step 02 打开"我的电脑"窗口，这时可以看到一个移动磁盘盘符（参见图 8-15 左图），代表了 MP4 的存储器，双击可将其打开。

Step 03 我们可以像操作电脑中的文件一样复制、剪切或删除 MP4 中的文件（需注意的是：最好不要重命名或删除 MP4 播放器本身自带的文件夹，否则可能导致无法正常使用），也可以将自己喜欢的音频、视频文件从光盘或硬盘中复制到"可移动磁盘"窗口中对应的文件夹内，如图 8-15 右图所示。

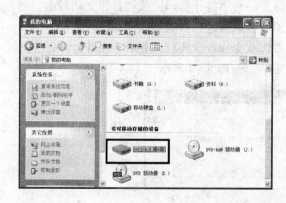

图 8-15　管理 MP4 播放器中的文件

Step 04　复制好需要的文件后，关闭"可移动磁盘"窗口，再单击任务栏中的"安全删除硬件"图标，选择"安全删除×××驱动器"，当提示可以安全删除硬件时，从电脑 USB 接口中取下 MP4 播放器的连接线即可，如图 8-16 所示。

图 8-16　移除 MP4 播放器

8.2.2　将数码相机中的数码相片传输到电脑中

数码相机的好处是可以将相片随时传输到电脑中，方便我们在电脑上编辑、打印相片。当数码相机存储卡满了时，更需要将它里面的相片传输到电脑中。下面是操作方法。

Step 01　将数码相机利用专用信号线连接到电脑主机的 USB 接口上，这时在"我的电脑"窗口中会显示一个移动磁盘盘符，该盘符代表的是数码相机存储卡，双击可将其打开，如图 8-17 所示。

Step 02　打开数码相机存储卡后，双击里面的文件夹，可以看到其所保存的数码相片。我们可以像管理电脑中的文件一样，对数码相机存储卡中的数码相片进行剪切、复制和删除操作，如图 8-18 所示。需注意的是，不能删除或重命名数码相机存储卡自带的文件夹，否则可能导致数码相机无法存储数码相片。

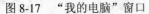

图 8-17　"我的电脑"窗口　　　　　　　图 8-18　管理数码相机中的数码相片

　　在将数码相机利用专用信号线连接到电脑主机的 USB 接口上后，如果系统弹出图 8-19 所示的对话框，则选择"将图片复制到计算机上的一个文件夹"项，然后单击"确定"按钮，系统将弹出图 8-20 所示的"扫描仪和照相机向导"对话框，根据该对话框中的提示操作，也可将数码相机中的数码相片保存到电脑中。

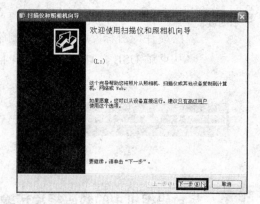

图 8-19 选择"将图片复制到计算机上的一个文件夹"项　图 8-20 "扫描仪和照相机向导"对话框

8.2.3 捕获摄像头中的视频

摄像头是一种视频输入设备，利用它可以与远方的朋友进行视频聊天，另外，我们还可以捕获摄像头中的视频，并将视频保存到电脑中。

要将摄像头中的视频捕获到电脑中，需要利用视频捕获软件。目前常用的视频捕获编辑软件有绘声绘影，以及 Windows XP 自带的 Windows Movie Maker 等。下面以 Windows Movie Maker 为例进行说明。

Step 01 将摄像头连接到电脑，并参考安装打印机驱动程序的方法为其安装驱动程序（购买摄像头时会附带驱动光盘）。

Step 02 打开"开始"菜单，选择"所有程序" > "Windows Movie Maker"菜单，启动 Windows Movie Maker 程序，如图 8-21 所示。

Step 03 单击"从视频设备捕获"链接，打开图 8-22 所示的"视频捕获向导"对话框。在"可用设备"列表中选择视频设备，单击"配置"按钮，先设置一下视频的输出大小。

图 8-21 Windows Movie Maker 程序窗口　图 8-22 "视频捕获向导"对话框

Step 04 在打开的"配置视频捕获设备"对话框中单击"视频设置"按钮（参见图 8-23

左图），打开"属性"对话框，在"输出大小"列表框中选择一种输出大小，标准视频输出大小为 640×480，如图 8-23 右图所示。

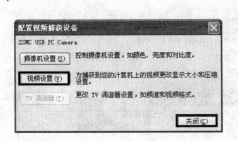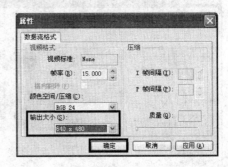

图 8-23　设置视频输入大小

Step 05　单击"确定"按钮，再单击"关闭"按钮，回到"视频捕获向导"对话框，然后单击"下一步"按钮。

Step 06　在打开的画面中为捕获的视频输入一个名称，然后单击"浏览"按钮，在打开的对话框中选择一个保存视频的文件夹（默认保存在"我的文档"中的"我的视频"文件夹中），设置好后单击"下一步"按钮，如图 8-24 所示。

Step 07　在打开的画面中设置视频质量，也可保持默认设置，直接单击"下一步"按钮，如图 8-25 所示。

　　也可在图 8-25 所示画面中选择"其他设置"单选钮，然后选择一种视频质量。比特率越高（即每种视频格式后的数字），视频质量越好，但相应地占用硬盘的空间会越大。如果视频需要用来在 Internet 上传输，可选择一种较低的视频质量；如果是在本地电脑上播放，可选择一种较高的视频质量。

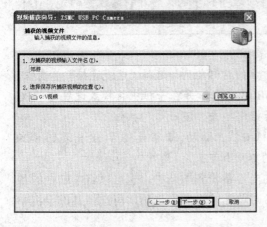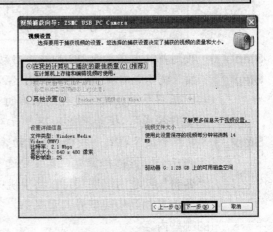

图 8-24　设置视频名称和保存位置　　　　图 8-25　设置视频质量

Step 08　在打开的画面中单击"开始捕获"按钮，开始捕获视频。捕获结束后，单击"停止捕获"按钮，再单击"完成"按钮，如图 8-26 所示。

Step 09 打开保存视频的文件夹，便可看到刚才捕获的视频文件，如图 8-27 所示。

图 8-26　捕获视频　　　　　　　　　　　图 8-27　捕获的视频文件

8.2.4　在手机和电脑间传输文件

将手机与电脑连接后，用户便可以将手机中的图片、通讯录、音乐等传输到电脑中，同样，也可以将电脑中的文件传输到手机中；还可以在电脑中备份、编辑手机中的联系人等。下面以在诺基亚手机与电脑之间传输文件为例说明。

对于大多数手机而言，传输文件前都需要安装手机驱动程序以及手机管理软件。诺基亚手机使用的是 PC 套件，将驱动和管理软件集在一起，我们可在购买手机时赠送的光盘中找到 PC 套件，也可从诺基亚官方网站下载最新 PC 套件。

> 个别品牌的手机并无管理套件，只需将手机与电脑用数据线连接，然后便可以像管理 U 盘中的文件一样管理手机中的文件了。需注意的是，不要删除或重命名手机自带的文件夹，否则很可能造成不必要的麻烦。

Step 01 找到并双击诺基亚 PC 套件，启动安装程序。

Step 02 按照提示进行操作，当出现图 8-28 所示的对话框时，选择"电缆连接"单选钮，然后将手机数据线连接到电脑的 USB 接口上，并在手机中将模式设置为"PC 套件模式"，接着在图 8-28 所示对话框中单击"下一步"按钮。

Step 03 电脑会提示找到新硬件，并自动为手机安装上驱动，正常连接后，会出现图 8-29 所示的功能选择窗口，其主要选项的作用如下。

➢ **"备份"**：利用该选项可以将手机中的内容备份到电脑中，也可以将电脑中的备份文件复制到相同型号的手机中。备份时单击"设置"选项，可选择备份手机中的哪些内容。

➢ **"文件管理器"**：利用该选项可以方便地在手机和电脑之间传输文件，或删除手机中的文件。

➢ **"存储图像"**：利用该选项可以将手机中的图像和视频存储到电脑中。

> ➤ **"传送音乐"**：利用该选项可以将音乐文件传输到手机中。
> ➤ **"查看多媒体"**：利用该选项可查看手机中的音频文件、视频文件和图像文件等，还可以直接在电脑中播放手机中的文件。
> ➤ **"联系人"**：利用该选项可以编辑、保存和打印手机联系人信息。

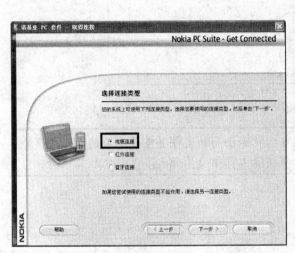

图 8-28　选择"电缆连接"单选钮

图 8-29　功能选择窗口

温馨提示

　　在以后的使用中，在将电脑与手机连接后，只需单击 Windows XP 任务栏右侧的"诺基亚 PC 套件" 按钮，打开功能选择窗口，然后单击"取得连接"按钮，即可建立连接，无需再进行前面步骤中的操作。

Step 04　在功能选择窗口中单击相关项目，便可实现相应的功能。例如要在电脑和手机之间传输文件，可单击"文件管理器"选项，打开图 8-30 所示的"诺基亚手机"浏览器。

Step 05　在"诺基亚手机"浏览器中，展开相关存储卡和文件夹，然后便可将文件夹中的文件复制到电脑中，或将电脑中的文件复制到相关文件夹中，操作方法与操作本地磁盘中的文件相同。也可以从这里将一些不需要的视频、图片等文件删除，如图 8-30 所示。

Step 06　操作完毕后，关闭窗口和对话框即可。

8.3　使用刻录机

　　要使用光盘备份或交换电脑中的文件，需要有一台刻录机，还需要有用来刻录的空白光盘（刻录盘）。目前，许多电脑都配有刻录机，下面介绍刻录光盘的方法。

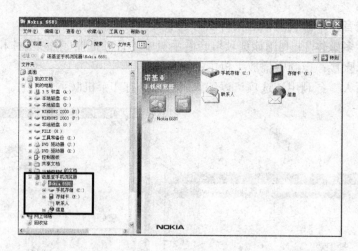

图 8-30 "诺基亚手机"浏览器

刻录盘有一次性的，有可以删除上面的文件并重复刻录的。可重复刻录的刻录盘价格要高一些，在实际工作中使用的大多是一次性刻录盘。

8.3.1 刻录数据光盘

刻录数据光盘的具体操作如下。

Step 01 选中要刻录的文件夹和文件，然后在选中的文件夹或文件上右击鼠标，从弹出的快捷菜单中选择"发送到">"DVD-RW 驱动器（G:）"（或其他名称，总之，只要在盘符名称中带有"RW"字样的都是刻录机）菜单，如图 8-31 所示。

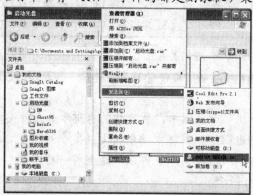

图 8-31 将选定文件发送到刻录机

也可以用复制与粘贴的方法将文件复制到刻录机中。刻录机不像光驱，即使里面没有光盘，也可以在"我的电脑"窗口中双击将其打开。一张 CD-ROM 光盘的容量为 700MB 左右，一张普通 DVD-ROM 光盘的容量约为 4GB 左右。要提高刻录成功率，刻录的内容应比光盘的容量稍低。例如，一张光盘最好只刻录 650MB 的文件。

Step 02　文件发送结束后，系统将在状态栏中给出刻录提示按钮和提示信息。单击状态栏中的刻录提示按钮 ，系统自动打开"DVD-RW 驱动器（G:)"（也可能是别的相似名称）窗口，可以在此查看或删除待刻录的文件夹及文件，如图 8-32 左图所示。

Step 03　在"CD 写入任务"窗格中单击"将这些文件写入 CD"链接，打开"CD 写入向导"对话框。

Step 04　在"CD 写入向导"对话框的"CD 名称"编辑框中输入待刻录光盘的名称，单击"下一步"按钮，如图 8-32 右图所示。

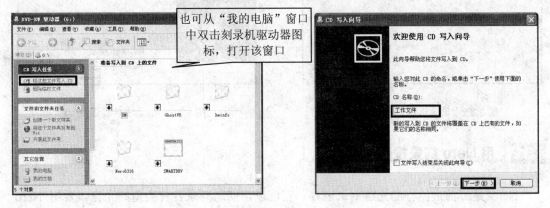

图 8-32　准备刻录光盘

Step 05　此时如果刻录机中尚未放入空白刻录盘，则系统将显示图 8-33 所示的对话框，提示用户在刻录机中放入一张空白刻录盘。

Step 06　准备一张空白刻录盘，将其放入刻录机（参见图 8-34），然后单击"下一步"按钮。

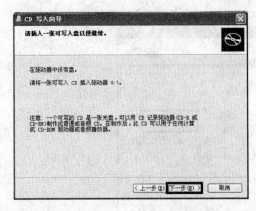

图 8-33　提示插入空白刻录盘

图 8-34　将空白刻录盘放入刻录机

Step 07　稍等片刻，系统自动开始刻录数据，并显示刻录进度提示，如图 8-35 所示。如果要取消刻录，可以单击"取消"按钮。

Step 08　刻录完成后，光盘自动弹出，显示图 8-36 所示的画面。如果不想进行重复刻录，直按羊击"完成"按钮结束操作；如果要继续刻录其他光盘，可以选中"是，将这些文件写入到另一张 CD"复选框，然后单击"完成"按钮。

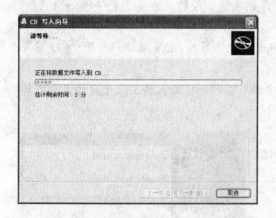

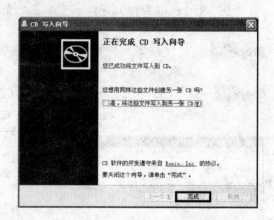

图 8-35　刻录进度提示对话框　　　　　　　图 8-36　刻录成功画面

8.3.2　用 Nero 刻录视频光盘

Nero 是目前最流行的光盘刻录工具，它可以帮助您刻录各种类型的光盘。要用 Nero 软件刻录光盘，需先将其安装到电脑中（在购买刻录机时，一般会附赠 Nero 软件的安装光盘。另外，我们也可到网上下载该软件）。利用 Nero 刻录视频光盘的具体操作如下。

Step 01　将空白光盘放入刻录机，然后打开"开始"菜单，选择"所有程序" > "Nero 8" > "Nero Express Essentials"菜单，启动 Nero。

Step 02　单击 Nero 操作界面中的"翻录和刻录"标签，然后单击"刻录视频光盘"选项，如图 8-37 所示。

图 8-37　Nero 操作界面

Step 03　在打开的对话框中选择"视频/图片"选项，然后在右侧窗格中单击要刻录的视频光盘类型，如"Super Video CD"选项，如图 8-38 所示。

Step 04 在打开的画面中单击"添加"按钮（参见图 8-39），打开"添加文件和文件夹"对话框。

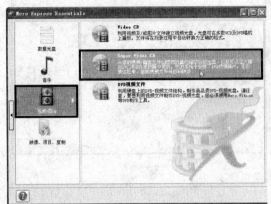 

图 8-38 选择要刻录的光盘类型　　　　　　图 8-39 单击"添加"按钮

Step 05 在"位置"下拉列表中选择影片所在的文件夹，然后选择要刻录的影片，单击"添加"按钮，添加选中的影片，如图 8-40 所示。返回图 8-39 所示画面。

Step 06 用同样的方法可以添加多个影片。在图 8-41 所示画面中显示了光盘的已用容量和总容量（我们所刻录影片的总大小最好不要超过光盘总容量的 95%），添加完影片后单击"下一步"按钮。

图 8-40 选择要刻录的影片　　　　　图 8-41 添加完影片后单击"下一步"按钮

Step 07 在打开的画面中，单击"布局"按钮，可调整光盘播放界面的布局；单击"背景"按钮，可设置播放界面的背景；单击"文字"按钮，可添加简单注释。这里我们保持默认设置，直接单击"下一步"按钮，如图 8-42 左图所示。

Step 08 在打开的画面中单击"选项"按钮，可设置刻录机参数，这里保持默认设置，在"光盘名称"编辑框中输入光盘名称，然后单击"刻录"按钮，即可将影片刻录到光盘中，如图 8-42 右图所示。

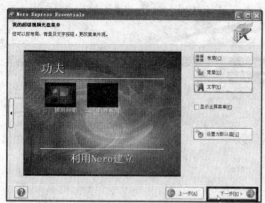

图 8-42 刻录光盘

综合实例——使用 Windows Movie Maker 制作电子相册

利用 Windows Movie Maker 可以把摄像机、摄像头等视频源录制的音频和视频捕获到电脑中进行编辑。除此之外，我们还可以将现有的音频、视频或静止图片导入 Windows Movie Maker，制作电影或电子相册，并把制作好的电影或电子相册保存在电脑中，或刻录到光盘上。

利用 Windows Movie Maker 制作电子相册主要包括导入素材、组织素材、添加视频效果和过渡效果、添加片头和片尾、保存电子相册几个过程。下面分别介绍。

1. 导入素材

Step 01　准备好需要的数码相片和音乐文件。

Step 02　打开"开始"菜单，选择"所有程序" > "Windows Movie Maker"菜单，启动 Windows Movie Maker 程序。

Step 03　在 Windows Movie Maker 窗口左侧的"捕获视频"项目中单击"导入图片"项（参见图 8-43），或者选择"文件" > "导入到收藏"菜单，在弹出的"导入文件"对话框中选择要导入的数码相片，然后单击"导入"按钮，导入数码相片。

Step 04　在 Windows Movie Maker 窗口左侧的"捕获视频"项目中单击"导入音频或音乐"项，在弹出的"导入文件"对话框中选择要导入的音乐文件，然后单击"导入"按钮，导入素材音乐。

2. 组织素材

在 Windows Movie Maker 中导入了所需的相片和音乐之后，就可以进行电子相册的初步编辑工作了。在这一步，我们的主要任务是按照要求将导入的相片和音乐添加到情节提要或时间线上。具体操作如下。

Step 01　在 Windows Movie Maker 窗口的"收藏"窗格中选中某一相片（也可同时选择

多张相片），然后将其拖至下方的情节提要工作区，如图 8-43 所示。

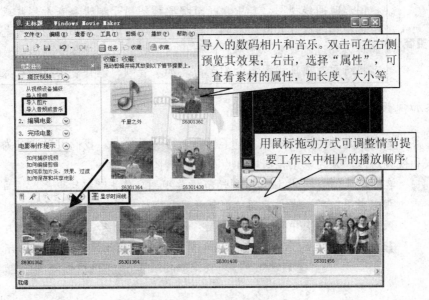

图 8-43　导入数码相片和音乐

Step 02　继续将其他相片素材拖入情节提要工作区，拖入时应注意播放的先后顺序。由于无法在情节提要视图下添加音频，因此，要添加音频，必须首先单击情节提要工作区上方的 显示时间线 按钮，切换到时间线视图。

Step 03　将音乐素材从收藏窗格拖入时间线工作区的"音频/音乐"栏。注意：将音乐素材拖到"音频/音乐"栏时会出现 符号，此时可不松开鼠标左键，而是左右拖动该符号以确定音乐的开始位置。松开鼠标左键，加入音频后的时间线效果如图 8-44 所示。

图 8-44　将音乐素材从收藏窗格拖入时间线工作区

情节提要工作区用来组织和编辑电影或电子相册内容，包括情节提要视图和时间线视图。其中，情节提要视图用于编辑和查看影片或电子相册中各视频和图片素材的排列（播放）顺序，以及添加到影片或电子相册中的特效和过渡效果；使用时间线视图可查看或修改各素材的播放时间，还可执行更改项目视图、录制旁白、加入音频、调整音频级别等操作。

3. 添加视频效果和过渡效果

显然，如果只是顺序播放相片，电子相册未免过于单调。我们可以通过为它们添加视频效果和视频过渡，来为电子相册增加点花样，具体操作如下。

Step 01 单击 显示情节提要 按钮切换到情节提要视图，单击"编辑电影"项目中的"查看视频效果"项，在打开的"视频效果"窗格中选中要使用的视频效果，将其拖入时间线工作区中的某张相片上。释放鼠标左键后，将在所选相片上出现一个蓝色的星号"★"，表示已为该相片添加了视频效果，如图8-45所示。

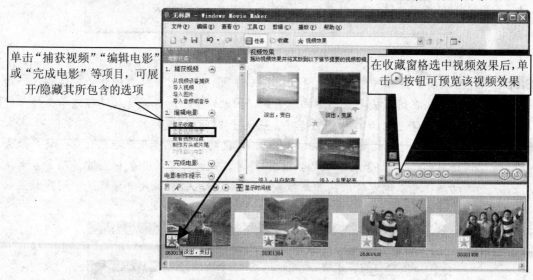

图 8-45　增加视频效果

Step 02 参考前面操作为其他相片添加视频效果，可以为每张相片添加多个效果。

Step 03 如果要删除相片的视频效果，可在时间线工作区右击该相片，从弹出的快捷菜单中选择"视频效果"，然后在打开的对话框中增删该相片的视频效果，如图8-46所示。

图 8-46　增加或删除视频效果

Step 04 视频过渡用来为相邻的相片切换增加特效。应用视频过渡的方法很简单，首先在"编辑电影"项目中单击"查看视频过渡"项。

Step 05 在打开的视频过渡窗格选择希望使用的视频过渡，将其拖入时间线工作区中的某张相片边界上。释放鼠标左键后，将在时间线工作区的"过渡"轨中出现视频过渡指示，如图 8-47 所示。

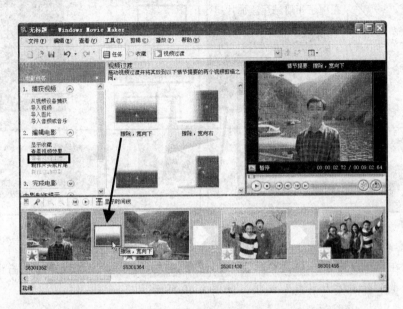

图 8-47 增加视频过渡

Step 06 可使用同样的方法为其他相片添加视频过渡。要删除视频过渡，首先应单击选中视频过渡，然后按【Del】键即可。

4. 添加片头和片尾

通过使用片头和片尾，可以为电子相册添加文本信息。例如，我们可以在片头和片尾中添加电子相册名称、制作者姓名、制作日期等信息。

我们可以将片头添加到电子相册中的不同位置，例如在电子相册的开始，或所选相片的前后等；而片尾只能添加到电子相册结尾处。为电子相册添加片头或片尾的步骤如下。

Step 01 在"编辑电影"项目中单击"制作片头或片尾"项，在打开的画面中单击"在电影开头添加片头"链接，如图 8-48 左图所示。

Step 02 在打开的"输入片头文本"任务窗格中输入希望作为片头显示的文本，如图 8-48 右图所示。

Step 03 单击"更改片头动画效果"链接，在打开的"选择片头动画"任务窗格中可选择片头动画效果。

Step 04 单击"更改文本字体和颜色"链接，然后在打开的"选择片头字体和颜色"窗格中可为片头文本设置字体、字体颜色、格式、背景颜色、透明度、字体大小和位置。

Step 05 设置结束后，在任务窗格中单击"完成，为电影添加片头"链接。

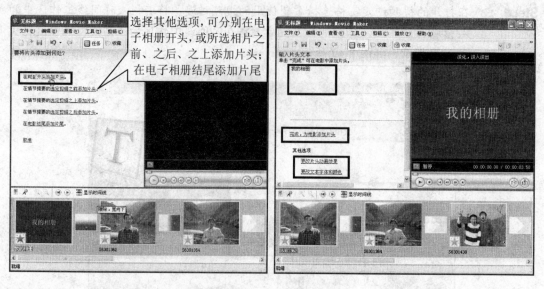

图 8-48 为电子相册添加片头

Step 06 在"编辑电影"项目中单击"制作片头或片尾"项，在打开的画面中单击"在电影结尾添加片尾"链接，如图 8-49 所示。

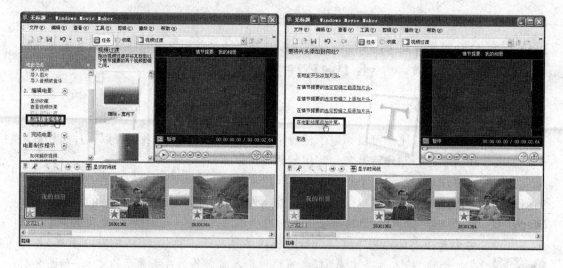

图 8-49 打开片尾编辑窗格

Step 07 在打开的"输入片头文本"任务窗格中输入希望作为片尾显示的文本，并设置其动画和字体样式，最后单击"完成，为电影添加片头"链接，完成电子相册片尾的编辑，如图 8-50 所示。

Step 08 选择"工具">"选项"菜单，打开"选项"对话框，切换到"高级"选项卡，在"图片持续时间"编辑框中可设置每张数码相片的显示时间；在"过渡持续时间"编辑框中可设置视频过渡的持续时间，设置结束后，单击"确定"按钮，保存设置，如图 8-51 所示。

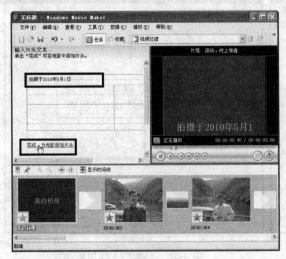

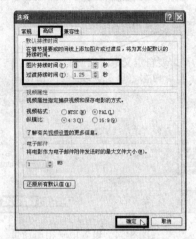

图 8-50　添加片尾文本　　　　　　　　图 8-51　设置数码相片和视频过渡的显示时间

5. 保存电子相册

至此，电子相册已经编辑完成，我们可以将其保存并生成可播放的 WMV 视频文件，具体操作如下。

Step 01　在"完成电影"项目中单击"保存到我的计算机"项（参见图 8-52），打开"保存电影向导"对话框。

Step 02　在"保存电影向导"对话框中输入电子相册的名称，并选择保存位置，然后单击"下一步"按钮，如图 8-53 所示。

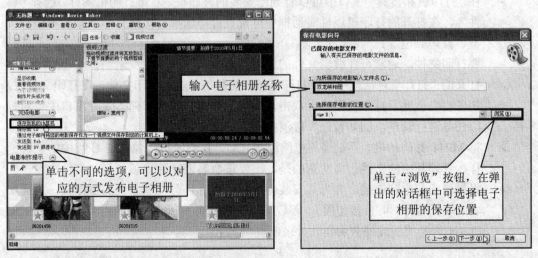

图 8-52　单击"保存到我的计算机"项　　　　图 8-53　"保存电影向导"对话框

Step 03 在打开的画面中单击"下一步"按钮，如图 8-54 所示。

Step 04 在打开的画面中单击"完成"按钮，完成电子相册的制作，如图 8-55 所示。

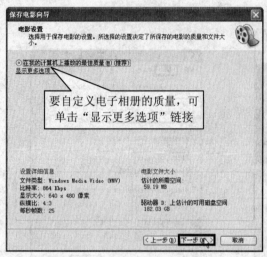

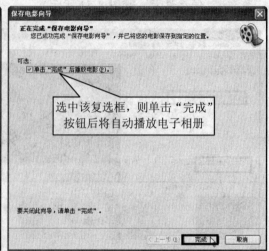

图 8-54　设置电子相册质量　　　　　　图 8-55　完成电子相册的制作

　　用户也可使用以上方法制作电影，只需将相片换成电影中需要的视频片段即可。

本章小结

通过本章的学习，读者应该重点掌握以下知识：

➢ 要使用打印机，首先需要用信号电缆（打印机的信号电缆分为并口电缆和 USB 电缆两种）将其与电脑连接，然后为打印机安装驱动程序。

➢ 在"打印机和传真"窗口中可以看到已安装的打印机，右击打印机图标，选择"属性"，在打开的打印机属性对话框中可设置打印选项，比如打印纸张的规格和类型、打印颜色等。

➢ 要打印文件，通常可在编辑文件的应用程序中选择"文件">"打印"菜单，在打开的"打印"对话框中设置打印范围、份数等，然后打印文件。在打印文件时，任务栏中会显示打印机图标，双击该图标，在打开的打印任务管理窗口中可对打印任务进行管理，例如暂停、取消打印某一文件。

➢ 将 MP4、数码相机、手机等与电脑连接之后，我们便可以像管理 U 盘中的文件一样，管理其中的文件。需注意的是，不要重命名或删除设备自带的文件夹。

➢ 将摄像头与电脑连接，并为其安装驱动程序后（目前一些新型的摄像头，不需要安装驱动程序，可直接使用），不仅可以进行视频聊天，还能利用 Windows Media Player 之类的视频捕获编辑软件录制视频。

> 用户可利用 Windows XP 自带的刻录功能刻录数据光盘，利用 Nero 软件刻录数据
> 光盘、视频光盘等。

思考与练习

一、填空题

1．目前的打印机主要有两种接口，一种是＿＿＿＿＿＿，一种是＿＿＿＿＿＿。

2．要将文件通过打印机打印出来，通常可在编辑文件的应用程序中选择
＿＿＿＿＿＿＞＿＿＿＿＿＿菜单来进行。

3．用 Windows XP 自带的＿＿＿＿＿＿＿＿＿＿可以捕获摄像头中的视频。

4．对于大多数手机而言，传输文件前都需要安装＿＿＿＿＿＿以及＿＿＿＿＿＿。

5．要使用光盘备份或交换电脑中的文件，需要有一台＿＿＿＿＿＿＿，还需要有用来刻
录的＿＿＿＿＿＿＿。

二、选择题

1．下面关于打印机说法错误的是（　　）

　　A．在"打印机和传真"窗口中可以看到电脑中已安装的打印机

　　B．我们可以设置打印机的纸张类型、打印颜色等属性

　　C．我们不可以暂停或取消打印文档

　　D．打印机需要在安装其驱动程序后才可使用

2．下面关于刻录光盘说法错误的是（　　）

　　A．可以用复制与粘贴的方法将文件复制到刻录机中

　　B．可以将所有光盘中的文件删除后重新刻录

　　C．可以用 Nero 刻录视频光盘

　　D．刻录光盘时最好不要进行其他电脑操作

三、操作题

1．设置打印机属性。

2．用电脑管理手机中的文件。

3．刻录一张数据光盘。

第9章

局域网和 Internet

章前导读

我们平常说的上网，其实就是指访问 Internet（互联网）上的资源。要访问 Internet 上的资源，首先要将电脑接入 Internet。本章除了讲解接入 Internet 的方式外，还介绍了小型局域网的组建方法。

9.1 将电脑接入 Internet

9.1.1 什么是 Internet

Internet 是目前世界上最大的计算机网络，又称因特网或国际互联网。借助于 Internet，我们可以浏览和查询信息、发送电子邮件、远程传输文件，还可以与世界各地的人们自由通信。

因特网最早来源于美国国防部高级研究计划局 DARPA（Defense advanced Research Projects Agency）的前身 ARPA 建立的 ARPAnet，这个项目基于这样一种主导思想：网络必须能够经受住故障的考验而维持正常工作，一旦发生战争，当网络的某一部分因遭受攻击而失去工作能力时，网络的其他部分应当能够维持正常通信。

最初，ARPAnet 主要用于军事研究，它有五大特点：

➢ 支持资源共享；
➢ 采用分布式控制技术；
➢ 采用分组交换技术；
➢ 使用通信控制处理机；
➢ 采用分层的网络通信协议。

到 20 世纪 80 年代初,美国国防部的网络取得巨大成功,在美国国家科学基金会(NSF)的资助下, 这项技术迅速推广到各所大学以及各行各业,并建立了 NSFNET,这个网络后来成为因特网基干网。

因特网的真正迅猛发展始于 20 世纪 90 年代初,此时因特网开始商业化。在因特网上,很多企业、学校、政府机关都开设了自己的网站,很多个人还开设了自己的博客。总之,因特网看起来越来越像现实社会的翻版。

9.1.2　目前有哪些流行的 Internet 接入方式

目前,常见的将电脑接入 Internet 的方式有 ADSL、小区宽带、有线通等。

➢ **ADSL**:利用电话线路上网,上网时可拨打或接听电话。优点是上网方便,只要安装过电话即可开通,服务商会提供一个 ADSL Modem。

➢ **小区宽带**:如果用户所在办公楼或小区已进行了综合布线,则可选择这种方式上网。服务商将光纤接入到小区,再通过网线接入到用户家,以提供共享带宽。此方式在大中城市较为普及。

➢ **有线通**:是一种通过有线电视网络实现高速接入 Internet 的方式。与其他两种上网方式相比较,有线通无需拨号,价格低,绝对上网速度快。但当同时上网的人比较多时,速度会有所下降。

9.1.3　利用 ADSL 方式将电脑接入 Internet

ADSL 的接入流程是:选择 ISP(Internet Service Provider,即互联网服务提供商)并申请办理 ADSL 业务>安装网络设备>创建 Internet 连接>拨号上网。

1. 申请账号和安装设备

申请账号之前需先选择一家 ISP。ISP 是指 Internet 服务提供商,用户必须通过它连入 Internet。要使用 ADSL 上网,可以选择电信、联通等 Internet 服务提供商。选择原则:第一是看上网速度和费用标准;第二是看稳定性和安全性。

Step 01　申请上网账号时,需要拿着身份证到自己所在 ISP 服务商营业厅(如电信局)填写申请表,对于已经有电话的用户,直接申请安装 ADSL 即可(有些需要交纳一定数额的初装费);对于没有安装电话的用户,需要先申请安装电话,选择电话号码,然后申请绑定 ADSL 业务。申请成功后,会得到一个上网账号,包括用户名和密码。

Step 02　申请 ADSL 一周左右,ISP 服务商会派专人上门进行安装,安装的过程十分简单,各硬件连接情况如图 9-1 所示。首先,将入户电话线插入语音分离器上标有 "Line" 标志的接口。

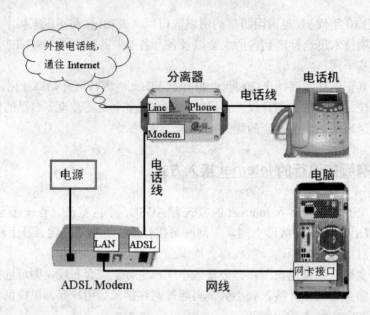

图 9-1　ADSL 连接示意图

安装 ADSL 需要一个 ADSL Modem、一个语音分离器、一根有 RJ-45（最常见的一种网络接口）水晶头的网线、两根有水晶头的电话线。

Step 03 将一根两端都是水晶头的电话线的一端插入语音分离器上标有"Phone"的接口，另一端插入电话机的"凸"形接口。这样上网时便可以正常使用电话。

Step 04 将另一根电话线的一端插入语音分离器上标有"Modem"的接口，另一端插入 ADSL Modem 的相应接口。ADSL Modem 上适合插电话线的接口只有一个。

Step 05 把网线（一般 ADSL Modem 自带）的一端插在计算机的网卡接口上，另一端插在 ADSL Modem 的相应接口中。最后接通 ADSL Modem 的电源。这样，所有的线路连接就完成了。

2. 创建 ADSL 连接

连接好网络设备后，还需要创建网络连接，一般这项工作也是由网络安装人员完成。不过，以后遇到重装操作系统，或其他意外情况时，需要重新创建连接，因此需要掌握它的创建方法。创建网络连接的具体操作如下。

Step 01 打开"开始"菜单，选择"所有程序">"附件">"通讯">"新建连接向导"菜单，打开"新建连接向导"对话框。

Step 02 单击"下一步"按钮，在打开的画面中选择"连接到 Internet"单选钮，单击"下一步"按钮，如图 9-2 所示。

Step 03 在打开的画面中选择"手动设置我的连接"单选钮，单击"下一步"按钮，如图 9-3 所示。

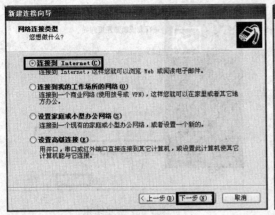
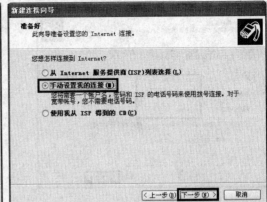

图 9-2　选择网络连接类型　　　　　　图 9-3　选择网络连接方式

Step 04　在打开的画面中选择"用要求用户名和密码的宽带连接来连接"单选钮，单击"下一步"按钮，如图 9-4 所示。

Step 05　在打开的画面中的"ISP 名称"文本框中输入连接的名称，例如输入"ADSL"，单击"下一步"按钮，如图 9-5 所示。

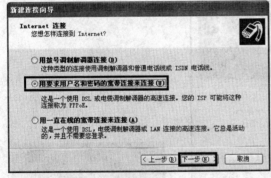
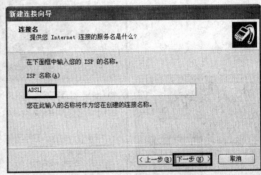

图 9-4　选择 Internet 连接类型　　　　　图 9-5　命名连接

Step 06　在打开的画面中输入申请 ADSL 时得到的账户名和密码，单击"下一步"按钮，如图 9-6 所示。

Step 07　在打开的画面中勾选"在我的桌面上添加一个到此连接的快捷方式"复选框，然后单击"完成"按钮，如图 9-7 所示。

3. 拨号上网与断开网络连接

创建 ADSL 连接后，在桌面上会显示一个 ADSL 连接图标，右击桌面上的"网上邻居"图标，在弹出的快捷菜单中选择"属性"，打开"网络连接"窗口，也可看到创建的 ADSL 连接。拨号上网与断开网络连接的具体操作如下。

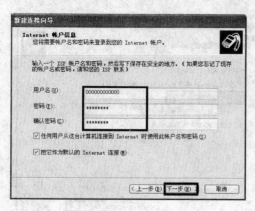
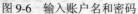
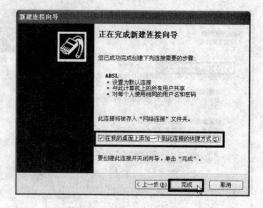

图 9-6　输入账户名和密码　　　　　　　　　　　　　图 9-7　创建结束

Step 01　双击桌面上的 "ADSL" 图标，打开 "连接 ADSL" 对话框，如图 9-8 所示。

Step 02　单击 "连接" 按钮，等待几秒钟，便能连接上 Internet 了。连接成功后，Windows
　　　　　XP 任务栏提示区中将出现一个网络图标，表明此时可以访问 Internet 上的资
　　　　　源了，如图 9-9 所示。

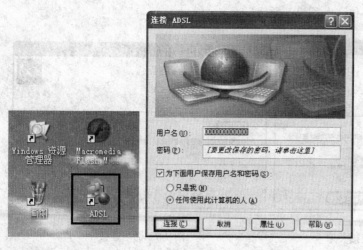

图 9-8　打开 "连接 ADSL" 对话框　　　　　　　　图 9-9　任务栏中的网络图标

Step 03　在不访问 Internet 上的资源时，为节省上网费及安全着想，最好将网络断开。
　　　　　要断开 Internet，可使用下面两种方法。

➢　用鼠标右击任务栏中的网络图标，在弹出的快捷菜单中单击 "禁用"。

➢　双击任务栏中的网络图标打开连接状态对话框，在该对话框中单击 "禁用" 按
　　钮。

Step 04　断开 Internet 连接后，若要重新上网，只需执行步骤 1、步骤 2 的操作即可。

9.2 小型局域网的组建与使用

局域网是指在某一区域内由多台计算机互联形成的计算机网络，可以实现文件、打印机共享等功能。例如，家庭、办公室、网吧以及计算机机房网络都属于小型局域网。

9.2.1 硬件连接

除了电脑外，组建小型局域网还需要使用网线、网卡（目前大多数电脑都集成有网卡，无需用户另行购买），以及宽带路由器、交换机等设备。下面介绍使用宽带路由器组建小型局域网的设备连接方法。

首先将各电脑的网卡接口与宽带路由器的 LAN 口分别用网线相连，然后接通路由器的电源。图 9-10 所示为各设备的连接效果。

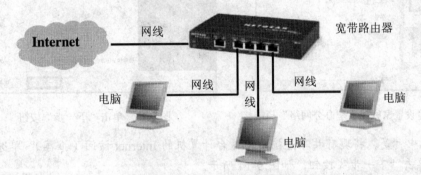

图 9-10 用宽带路由器组建局域网

  一般宽带路由器只提供几个网线接口，如果要连接更多的电脑，可以购买一台或多台交换机，然后将交换机与路由器相连接，将电脑与交换机相连接，这样可组建规模更大的局域网，如图 9-11 所示。

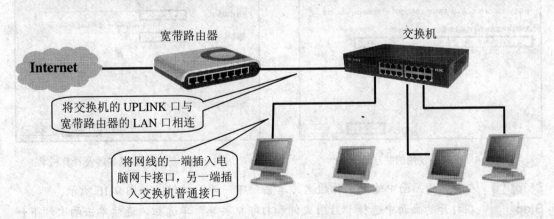

图 9-11 用宽带路由器和交换机组建局域网

9.2.2 配置计算机

要让局域网中的电脑能互访彼此的资源，以及共享上网，需做以下设置。

Step 01 右击桌面上的"网上邻居"图标，在弹出的快捷菜单中选择"属性"，打开"网络连接"窗口，单击左侧任务窗格中的"设置家庭或小型办公网络"超链接，如图 9-12 所示。

Step 02 打开图 9-13 所示的"网络安装向导"对话框，连续单击两次"下一步"按钮，打开"要使用共享连接吗"画面。

图 9-12 单击"设置家庭或小型办公网络"超链接

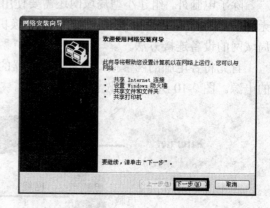

图 9-13 单击"下一步"按钮

Step 03 选中"是，将现有共享连接用于这台计算机的 Internet 访问（推荐）"单选钮，单击"下一步"按钮，如图 9-14 所示。

Step 04 在打开的画面中输入计算机描述及计算机名，单击"下一步"按钮，如图 9-15 所示。

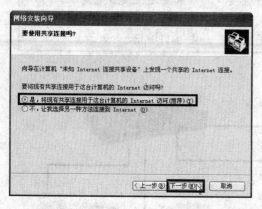

图 9-14 选择要使用的共享连接

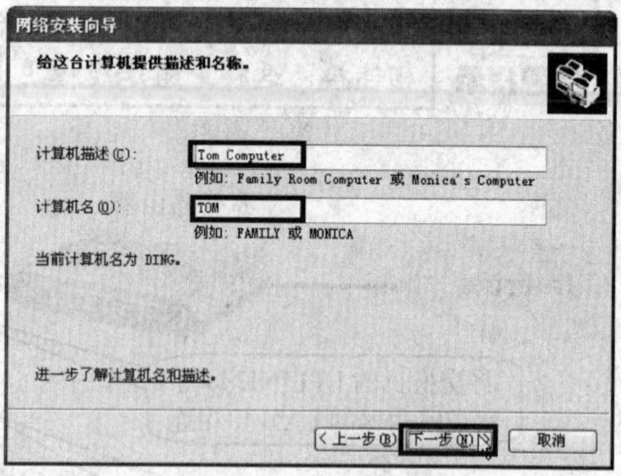

图 9-15 输入计算机描述及计算机名

Step 05 在打开的画面中输入工作组名，单击"下一步"按钮，如图 9-16 所示。

Step 06 在打开的画面中选择"启用文件和打印机共享"单选钮，连续单击两次"下一步"按钮，如图 9-17 所示。

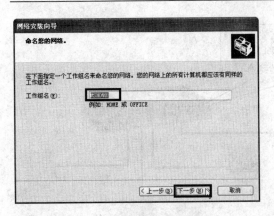

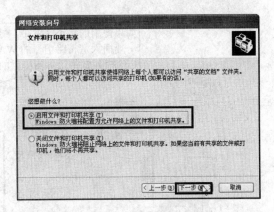

图 9-16 输入工作组名　　　　　　图 9-17 选择"启用文件和打印机共享"单选钮

Step 07 在打开的画面中选择"完成该向导。我不需要在其他计算机上运行该向导"单选钮，单击"下一步"按钮，如图 9-18 所示。

Step 08 在打开的画面中单击"完成"按钮，在弹出的"系统设置改变"对话框中单击"是"按钮重新启动电脑，如图 9-19 所示。由此完成网络设置。

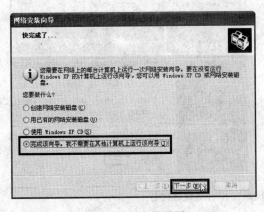

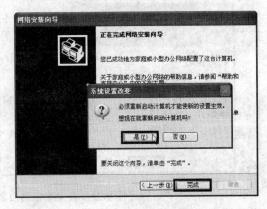

图 9-18 完成设置　　　　　　　　图 9-19 关闭向导并重新启动电脑

9.2.3 让局域网中的电脑共享上网

要使局域网中的电脑能共享上网，还需要用网线将 ADSL Modem 与宽带路由器的 WAN 口连接，如图 9-20 所示。此外，还需要对宽带路由器进行设置，将上网账号和密码"绑定"在宽带路由器中，具体操作如下。

Step 01 在任意一台电脑中打开 IE 浏览器，在地址栏中输入宽带路由器的后台管理地址，本例为：192.168.1.1（具体数值请参照产品使用手册），按【Enter】键。

Step 02 在弹出的登录对话框中输入用户名：admin，密码：admin（具体值请参照产品使用手册），然后单击"确定"按钮，如图 9-21 左图所示。

Step 03 进入宽带路由器设置界面后，单击"设置向导"或"快速安装"等相似选项，启动路由器设置向导，然后单击"下一步"按钮，如图 9-21 右图所示。

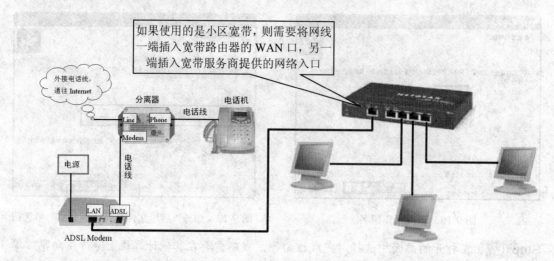

图 9-20 将家庭（办公）网中的计算机接入 Internet 的硬件连接

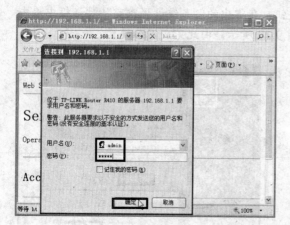
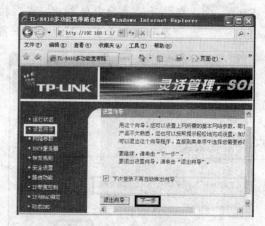

图 9-21 登录宽带路由器管理画面和启动设置向导

Step 04 在打开的画面中根据实际情况选择上网方式，ADSL 和通过 PPPoE 拨号认证的小区宽带上网需要选择"ADSL 虚拟拨号（PPPoE）"单选钮，单击"下一步"按钮，如图 9-22 所示。

Step 05 在打开的画面中输入网络运营商提供的上网账号及口令，单击"下一步"按钮，如图 9-23 所示。之后在打开的画面中单击"保存"或"完成"按钮，完成设置。

图 9-22 选择上网方式　　　　　　　　图 9-23 输入上网账号及口令

Step 06 完成以上设置后，稍微等一会，宽带路由器会自动连接上 Internet，此时局域网中的电脑便都可以上网了。此外，用户还可以在宽带路由器设置界面中单击"运行状态"选项，查看网络连接状态，在该界面中还可以断开或手动连接 Internet。

> 默认情况下，宽带路由器会自动连接上 Internet。用户可依次单击"网络参数" > "WAN口设置"选项，在打开的画面中设置自动连接选项；在该画面中还可以重设上网账号和密码。设置完后，别忘记单击"保存"按钮保存设置。

9.2.4 配置和使用共享资源

要让局域网中的其他电脑访问本电脑中的资源(文件夹或打印机)，需要进行一些设置，具体操作如下。

Step 01 右击要共享的资源，在弹出的快捷菜单中选择"共享和安全"。

Step 02 在打开的对话框中切换到"共享"选项卡，勾选"在网络上共享这个文件夹"复选框，然后设置好共享名与访问类型，单击"确定"按钮，如图 9-24 所示。

Step 03 要访问局域网中其他电脑中的共享文件夹，可使用下面几种方法。

➢ Windows XP 会将局域网中的共享文件夹放在"网上邻居"窗口中。双击"网上邻居"图标，打开"网上邻居"窗口，再双击其中的共享文件夹即可访问。

➢ 通过"查看工作组计算机"选项访问其他电脑。打开"网上邻居"窗口，单击窗口左侧的"查看工作组计算机"选项，然后双击要访问的计算机名称。

➢ 通过地址栏直接访问其他电脑。打开"我的电脑"窗口，在地址栏中输入"\\网络计算机名" (如\\hpp)并按【Enter】键，即可访问指定电脑，如图 9-25 所示。

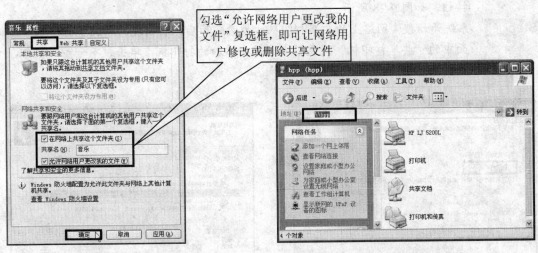

图 9-24 共享文件夹

图 9-25 访问局域网中的 hpp 用户

9.2.5 使用网络打印机

要使用网络打印机，首先需要通过网络安装打印机驱动程序，然后便可以像使用本地打印机一样使用网络打印机打印文档，具体操作如下。

Step 01 打开"开始"菜单，选择"打印机和传真"，打开图 9-26 所示的"打印机和传真"窗口，单击"打印机任务"项目中的"添加打印机"选项，打开"添加打印机向导"对话框，单击"下一步"按钮。

Step 02 在打开的"本地或网络打印机"画面中选择"网络打印机或连接到其他计算机的打印机"单选钮，单击"下一步"按钮，如图 9-27 所示。

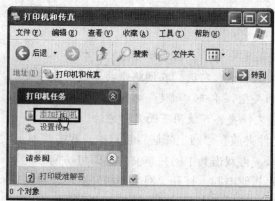
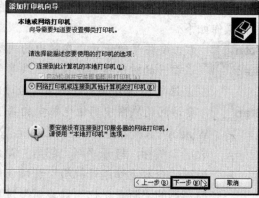

图 9-26 "打印机和传真"窗口   图 9-27 设置添加网络打印机

Step 03 在打开的"指定打印机"画面中选择"浏览打印机"单选钮，单击"下一步"按钮，如图 9-28 所示。

Step 04 系统开始搜索网络上的共享打印机，搜索完毕后，在出现的"浏览打印机"画面中的"共享打印机"列表框中选择要添加的打印机，单击"下一步"按钮，如图 9-29 所示。

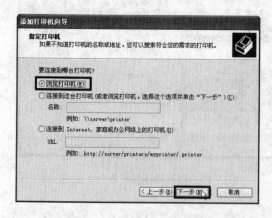
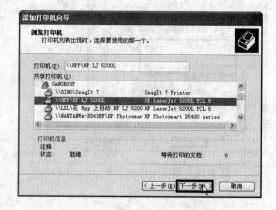

图 9-28 选择"浏览打印机"单选钮   图 9-29 选择在网络中找到的打印机

Step 05 在打开的图 9-30 所示的"连接到打印机"画面中单击"是"按钮，开始安装打印机驱动程序。安装完毕后，单击"下一步"按钮并在完成画面中单击"完成"按钮，完成打印机的安装。

图 9-30　安装打印机驱动程序

综合实例——设置局域网中电脑的 IP 地址

要让网络中的电脑之间实现通信，需要在 Windows XP 中配置 TCP/IP 协议，为每台电脑分配一个 IP 地址。默认情况下，系统会自动为电脑分配一个 IP 地址，如果我们想更改电脑的 IP 地址，可执行如下操作。

Step 01 鼠标右击桌面上的"网上邻居"图标，从弹出的快捷菜单中选择"属性"，打开"网络连接"窗口。

Step 02 在"网络连接"窗口中右击"本地连接"图标，从弹出的快捷菜单中选择"属性"（参见图 9-31 左图），打开"本地连接属性"对话框。

Step 03 在"本地连接属性"对话框中选择"Internet 协议（TCP/IP）"项，然后单击"属性"按钮（参见图 9-31 右图），打开"Internet 协议（TCP/IP）属性"对话框。

Step 04 在"Internet 协议（TCP/IP）属性"对话框中选择"使用下面的 IP 地址"单选钮，然后输入 IP 地址与网关地址，最后单击"确定"按钮，如图 9-32 所示。

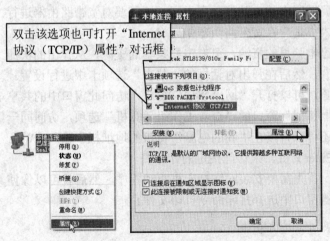

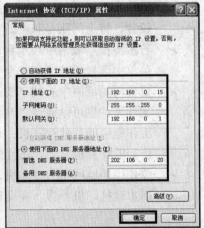

图 9-31　打开"本地连接属性"对话框　　　　图 9-32　设置 IP 地址

在"Internet 协议（TCP/IP）属性"对话框中的各选项意义如下。

➤ **IP 地址：** 电脑进入网络的身份证，用于标识电脑，通常由四组数字组成，每组最多三位，范围在 0-255 之间，中间用点号隔开。如果使用宽带路由器组网，则应将 IP 地址前三组数字设置为与路由器网关地址的前三组数字相同（查看路由器使用手册可知道路由器的地址），最后一组为 2-254 之间的数字，不同电脑的 IP 地址不能相同。

> **子网掩码**：通常设置为 255.255.255.0。
> **默认网关**：如果使用宽带路由器组网，则设置为路由器的网关地址。
> **首选 DNS 服务器**：如果使用宽带路由器组网，则设置为本地 Internet 服务商提供的 DNS 服务器地址（可查看路由器使用手册）；如果使用其他的共享方式上网，则设置为与网关地址相同。

本章小结

通过本章的学习，读者应该重点掌握以下知识：

> Internet 是目前世界上最大的计算机网络，它实现了计算机与计算机之间的交流与资源共享。我们平常所说的上网，其实就是访问 Internet 上的资源。
> 目前比较常见的上网方式有 ADSL、小区宽带和有线通等。其中，ADSL 是目前最为普及的宽带接入方式，它借助于电话线连网，比较方便。
> 要想通过 ADSL 方式上网，首先需要选择一家网络服务提供商（如联通、电信等），并申请开通 ADSL 业务，数日后工作人员会上门安装网络设备，并创建 ADSL 网络连接，以后用户可启动该连接，输入上网账号和密码，将电脑连入 Internet。
> 除了电脑外，组建小型局域网还需要使用网线、网卡、宽带路由器等设备。
> 要使局域网中的电脑能互访彼此的资源，需要通过网络安装向导配置计算机的名称、工作组名称、文件和打印机共享等。
> 组建小型局域网后，要使局域网中的电脑能共享上网，还需要对宽带路由器进行设置，将上网账号和密码"绑定"在宽带路由器中。
> 若希望在局域网中共享自己电脑里的资源，可右击要共享的资源，从弹出的快捷菜单中选择"共享和安全"，然后在弹出对话框的"共享"选项卡中进行设置。
> 要访问局域网中的共享资源，可以打开"网上邻居"窗口，访问此窗口中的共享文件夹；也可以通过"网上邻居"窗口的"查看工作组计算机"选项，访问同一工作组中的其他计算机；还可以直接在"我的电脑"窗口的地址栏中输入"\\要访问的计算机名"，按【Enter】键，来访问指定的计算机。
> 要使用局域网中的打印机，首先需要安装网络打印机驱动程序，然后就可以像使用本地打印机一样，在文档窗口中选择打印命令打印文件。

思考与练习

一、填空题

1. _____是目前世界上最大的计算机网络，又称_____或_____。

2．目前，常见的 Internet 接入方式有_____、_____、_____等。

3．ADSL 上网的接入流程是：_____＞_____＞_____＞_____。

4．除电脑外，组建小型局域网需要使用_____和_____，以及_____、_____等设备。

5．使用宽带路由器组建局域网时，需要将计算机的网卡接口与宽带路由器的_____口用_____相连。

6．要使局域网中的计算机能共享上网，需要用网线将 ADSL Modem 与宽带路由器的_____口连接，还需要对宽带路由器进行设置，以将_____和_____"绑定"在宽带路由器中。

二、选择题

1．下面关于网络说法错误的是（　　）

　　A．Internet 是目前世界上最大的计算机网络

　　B．借助于 Internet，我们可以浏览和查询信息、发送电子邮件

　　C．局域网是指在某一区域内由多台计算机互联形成的计算机网络

　　D．通过局域网可以共享电脑中的文件，但不能共享打印机等设备

2．下面关于 ADSL 说法错误的是（　　）

　　A．ISP 是 Internet 服务提供商

　　B．申请 ADSL 后，用户会得到一个上网账号

　　C．可以在新浪网站申请 ADSL

　　D．ADSL 是利用电话线路上网的

3．下面关于访问局域网中的其他电脑错误的是（　　）

　　A．通过"网上邻居"窗口访问其他电脑

　　B．通过"查看工作组计算机"选项访问其他电脑

　　C．在"我的电脑"窗口地址栏中输入"\网络计算机名"，并按【Enter】键

　　D．在"我的电脑"窗口地址栏中输入"\\网络计算机名"，并按【Enter】键

4．下面 IP 地址中写法错误的是（　　）

　　A．192.168.0.22　　　　　　　　B．192.168.1.135

　　C．192.168.0.128　　　　　　　 D．192.168.1.257

三、操作题

1．拨号上网与断开网络连接。

2．更改计算机名称。

3．访问局域网中的共享资源。

第10章

开始上网冲浪

章前导读

　　Internet 上的资源非常丰富，通过它我们能查到几乎所有想要的信息。在本章中，我们将向读者介绍浏览网上资源、搜索网上资源、下载网上资源的方法和技巧。

10.1　浏览网页

　　网上的信息大都是通过网页的形式呈现给我们的，在 Internet 上查看信息，其实就是浏览一个个的网页。要浏览网页，需要使用专门的软件——浏览器。

10.1.1　认识网页、网站、网址和浏览器

浏览网页前，最好先了解一些相关的基本概念。

- ➢ **浏览器**：用于获取和查看 Internet 信息（网页）的应用程序，目前使用最为广泛的就是 Windows 自带的 IE 浏览器（Internet Explorer），其他的浏览器有火狐浏览器（Firefox）、傲游浏览器（Maxthon）等。
- ➢ **网页**：在浏览器中看到的页面，用于展示 Internet 中的信息。
- ➢ **网站**：是若干网页的集合，用于为用户提供各种服务，如浏览新闻、下载资源、买卖商品等。网站包括一个主页和若干个分页，主页就是访问某个网站时打开的第一个页面，是网站的门户，通过主页可以打开网站的其他分页。
- ➢ **网址**：用于标识网页在 Internet 中的位置，每一网址对应一个网页。要访问某一网站，必须要先知道它的网址，我们通常说的网站网址是指它的主页网址。

10.1.2　启动 IE 浏览器

要启动 IE 浏览器，可使用下面几种方法。

➢　打开"开始"菜单，选择"Internet Explorer"，启动 IE 6.0 浏览器。

➢　双击桌面上的 IE 6.0 图标，启动 IE 浏览器。

➢　单击任务栏左侧的 IE 6.0 快速启动图标，启动 IE 浏览器。

第一次启动 IE 浏览器会连接到微软公司的 MSN 中国网站主页，如图 10-1 所示。

图 10-1　启动 IE 浏览器

10.1.3　打开网页

在浏览网页时，一般是先通过浏览器打开某个网站的主页，然后在该网站主页中单击相关链接打开该网站的其他网页。

1.　通过网址打开网站

Step 01　启动 IE 浏览器。

Step 02　在 IE 浏览器地址栏中输入"新浪"网站的网址"www.sina.com.cn"，然后按一下【Enter】键或单击"转到"按钮，便打开了"新浪"网站的主页，如图 10-2 所示。

在地址栏中输入网址可打开相关网页。当打开某个网页时，在地址栏中会显示该网页网址。此外，还可在地址栏下拉列表中选择曾经输入过的网址，打开对应的网页

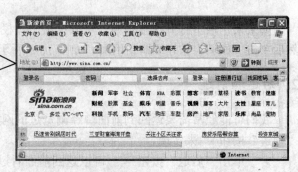

图 10-2　通过网址打开网站

2. 通过超级链接打开网页

通过超级链接打开网页是我们浏览网页的主要实现手段。将鼠标指针移至网页上的文字、图片等项目，如果鼠标指针变成手形 🖑，表明它是超级链接，此时单击鼠标便可以转到该链接指向的网页。例如，要浏览新浪网站提供的新闻，可执行下面的操作。

Step 01 参考上面的操作打开图 10-2 所示的新浪主页。

Step 02 将鼠标指针放在新浪主页的"新闻"超级链接上，当其变成手形 🖑 时，单击鼠标，如图 10-3 所示。

Step 03 打开了新浪网站的新闻网页，此时再单击相关新闻链接，便可打开相关新闻进行浏览了，如图 10-4 所示。

> **经验之谈**　通过超级链接打开网页时，有时新网页会将原来的网页覆盖，如果不想这样，可以用下面的方法打开网页：用鼠标右键单击相关超级链接，选择"在新窗口中打开"即可。

图 10-3　单击"新闻"超级链接　　　　　图 10-4　打开新闻网页

10.1.4　常用浏览操作

浏览网页时，经常需要使用下面一些操作。

1. 停止和刷新网页

如果某个网页打开速度很慢，可以单击工具栏中的"停止"按钮 ⊠ 中止网页的下载，然后单击"刷新"按钮 🔁 刷新网页，如图 10-5 所示。

2. 后退和前进

我们可能经常需要返回到前面曾经浏览过的网页。这时可以利用"后退"按钮 ⊙ 后退·和"前进"按钮 ⊙· 来实现。

> ➢　单击"后退"按钮 ⊙ 后退·可以返回前面看过的网页。
> ➢　单击"前进"按钮 ⊙·可以查看在单击"后退"按钮 ⊙ 后退·前查看的网页。

➢ 要具体定位到浏览过的某一网页，可单击"后退"或"前进"按钮旁边的向下小箭头，然后在弹出的下拉列表中单击选择要打开的网页即可，如图 10-6 所示。

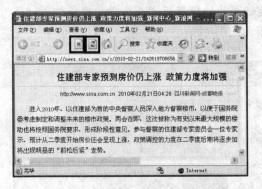

图 10-5　停止和刷新网页

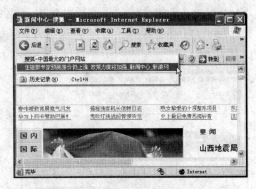

图 10-6　查看曾经访问过的网页列表

10.1.5　保存网页中的文字与图片

在浏览网页的过程中，有时会发现一些十分有价值的信息，这时可将其保存到电脑中，具体操作如下。

Step 01　打开要保存的网页，选择"文件" > "另存为"菜单，如图 10-7 所示。

Step 02　在弹出的"保存网页"对话框中设置"保存类型"为"文本文件"，并设置好保存位置，然后单击"保存"按钮将该页面中的文字保存下来，如图 10-8 所示。

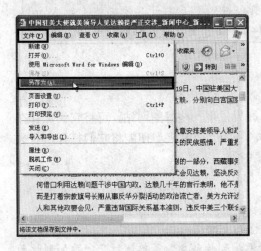

图 10-7　选择"文件" > "另存为"菜单

图 10-8　保存文字

知识库

在"保存类型"下拉列表中选择"网页，全部"，保存后，会产生一个 html 网页文件和一个文件夹，双击 html 文件可打开保存的网页；选择"Web 档案，单一文件"，会把网页上的所有元素保存在一个 mht 类型的文件中，双击该文件可打开网页；选择"文本文件"，会以文本形式只保存网页中的文字；选择"Web 页，仅 HTML"，保存后，将产生一个 html 网页文件。

Step 03 要保存网页中的图片，可在要保存的图片上右击鼠标，在弹出的快捷菜单中选择"图片另存为"，如图 10-9 所示。

Step 04 在弹出的"保存图片"对话框中设置好图片的保存位置及名称，然后单击"保存"按钮，即可将该图片保存，如图 10-10 所示。

图 10-9　选择要保存的图片

图 10-10　保存图片

知识库

　　如果希望保存网页中的部分内容，可首先选中这些内容，然后按【Ctrl+C】组合键，将其复制到剪贴板中，然后打开其他文档（如 Word 文档），选定合适的位置，按【Ctrl+V】组合键，将其粘贴到当前位置。

10.1.6　收藏网页

　　IE 浏览器具有收藏夹功能，在浏览网页时，如果发现一些好的网站，可将它们保存在"收藏夹"内，这样当需要再次浏览这些网站时，利用"收藏夹"便能将它们打开，省去输入或查找网址的麻烦。

1. 收藏和打开网页

　　要将当前浏览的网页保存到收藏夹中，可执行如下操作。

Step 01 打开要收藏的网页，选择"收藏">"添加到收藏夹"菜单，打开"添加到收藏夹"对话框。

Step 02 在"名称"文本框中输入网页的名称，单击"确定"按钮，即可将网页保存到收藏夹中，如图 10-11 所示。

Step 03 要打开收藏的网页，可打开"收藏"下拉菜单，单击要打开的某个网页即可，如图 10-12 所示。

经验之谈

　　单击 IE 工具栏中的 ☆收藏夹 按钮，打开"收藏夹"窗格，然后单击收藏的网页，也可打开相关网页。

图 10-11　收藏网页

图 10-12　打开收藏的网页

2. 分类收藏网页

　　收藏夹中的网页多了时，便会显得杂乱，不好在众多的网页中找到自己需要的。其实我们可在收藏网页时将其分类存放，这样便不会显得乱了。按分类收藏网页的操作如下。

Step 01　打开要收藏的网页，选择"收藏">"添加到收藏夹"菜单，打开"添加到收藏夹"对话框，然后单击"创建到"按钮展开对话框，如图 10-13 所示。

Step 02　单击"新建文件夹"按钮，新建一个名为"新闻"的文件夹，如图 10-14 所示。

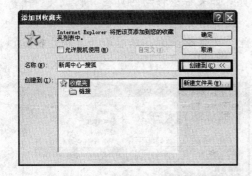

图 10-13　展开对话框

图 10-14　新建一个文件夹

经验之谈

　　为新建的文件夹取名时，最好根据收藏的网页类型来取，例如收藏的是新闻网站，便命名为"新闻"，如果是软件网站，便命名为"软件"。这样做的好处是便于将收藏的网页分类。

Step 03　单击"确定"按钮，返回到"添加到收藏夹"对话框，单击"新闻"文件夹，然后单击"确定"按钮，如图 10-15 所示，这样便将网页收藏到了"新闻"文件夹中。

Step 04　要打开收藏的网页，只需选择"收藏夹">"新闻"菜单，然后选择收藏的网页即可，如图 10-16 所示。

Step 05 使用同样的方法，可将其他网页分类收藏到收藏夹中。如果文件夹已存在，可不必新建文件夹，而直接在"添加到收藏夹"对话框中单击选择某个文件夹，并单击"确定"按钮。

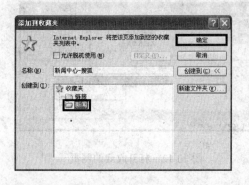

图 10-15　选择希望保存收藏网页的文件夹　　　　　图 10-16　打开收藏的网页

3. 整理收藏夹

当收藏的网页越来越多时，我们可以对收藏的网页重进行整理，具体操作如下。

Step 01 启动 IE 浏览器，选择"收藏" > "整理收藏夹"菜单，打开"整理收藏夹"对话框。

Step 02 单击某个分类，可展开该文件夹下的网页。如果希望移动网页在"收藏夹"中的位置，直接将其拖入相关文件夹即可。例如，要将"新浪首页"移入"新闻"文件夹，只要拖动"新浪首页"到"新闻"文件夹上方，然后松开鼠标左键就可以了，如图 10-17 所示。

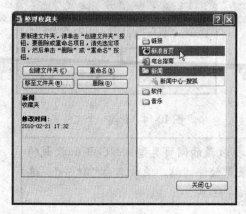

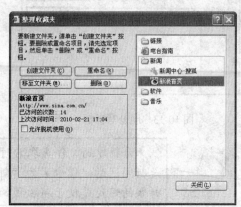

图 10-17　将"新浪首页"移至"新闻"文件夹

Step 03 也可以单击"创建文件夹"按钮，新建一个文件夹，并将相关网页拖入新建的文件夹。

Step 04 单击选中网页或文件夹后，单击"重命名"或"删除"按钮，可重命名或删除网页、文件夹。

经验之谈

也可直接在"收藏"菜单中整理收藏的网页：打开"收藏"菜单后，右击某个网页或文件夹，从弹出的快捷菜单中选择"删除"可将其删除；选择"重命名"可重命名网页或文件夹；选择"按名称排序"可重新按名称排序菜单。 此外，在"收藏"菜单中选择某个网页或文件夹后拖动，可移动网页或文件夹在收藏夹中的位置。

10.1.7 设置 IE 首页

每次打开 IE 时，都会自动打开一个网页，这便是 IE 浏览器的首页，我们可以将经常访问的网页设置为 IE 首页，具体操作如下。

Step 01 启动 IE 浏览器，选择"工具" > "Internet 选项"菜单（参见图 10-18），打开图 10-19 所示的"Internet 选项"对话框。

➢ 单击"使用当前页"按钮可将当前网页设置为 IE 首页。
➢ 单击"使用默认页"按钮可恢复默认的首页。
➢ 单击"使用空白页"按钮可将空白页作为 IE 首页。
➢ 在"地址"文本框中输入要设置为 IE 首页的网页网址，可将该网页设置为 IE 首页。

Step 02 设置好后，单击"确定"按钮即可。以后无论当前打开的是什么网页，单击 IE 浏览器工具栏中的"主页"按钮，便可打开设置的 IE 首页。

图 10-18 选择"工具" > "Internet 选项"菜单

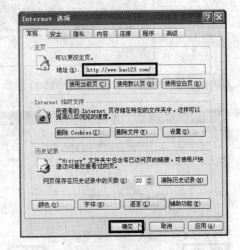

图 10-19 设置 IE 首页

10.2 搜索网上信息

在 Internet 上，有一类专门用来帮助用户查找信息的网站，我们称它为搜索引擎，它可以帮我们在浩瀚的 Internet 信息海洋中找到所需要的信息。

目前国内比较好的搜索引擎有百度（www.baidu.com）、Google（www.google.com）、

雅虎（www.yahoo.cn），它们都是专业的搜索引擎，其中使用百度的用户最多。另外，很多门户网站也都有自己的搜索引擎，例如搜狐的搜狗（www.sogou.com）、新浪的爱问（www.iask.com）、网易的有道（www.youdao.com）。

下面以使用百度搜索引擎在网上查找信息为例介绍搜索引擎的使用方法。

10.2.1 搜索网页

下面以查找手机的价格信息，介绍搜索网页的方法。

Step 01 打开 IE 浏览器，在地址栏中输入：www.baidu.com，按一下【Enter】键，打开百度搜索引擎的主页。

Step 02 在中间的文本框中输入搜索关键词，本例中输入"手机 价格"，然后单击"百度一下"按钮，如图 10-20 所示。

> 　　使用搜索引擎时，关键词的选择很重要。关键词可以是一个词，或一个句子，或多个词的组合。关键词必须与要查询的信息紧密联系，例如，要查找关于徐志摩的相关信息，可输入关键词"徐志摩"；要查找关于列车时刻的信息，可输入"列车时刻"。
>
> 　　有经验的搜索者都喜欢用多个词（各词组之间有一个空格）组成关键词，例如，如果要搜索关于徐志摩的诗，则输入关键词"徐志摩 诗"即可；要搜索关于金企鹅出版的书，则输入关键词"金企鹅 书"即可；再比如刚才我们输入的"手机 价格"，这样搜索出来的结果便是与手机的价格有关。当然，本例中，如果你只是要了解手机的信息，那关键词便只输入"手机"即可。

Step 03 列出了关于手机价格的许多网页链接，如图 10-21 所示。

图 10-20　输入关键词

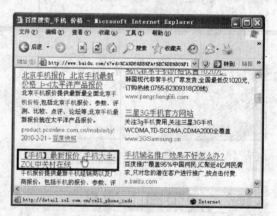

图 10-21　列出了关于手机价格的网页链接

Step 04 单击某一网页链接，例如"最新报价 手机大全-ZOL 中关村在线"，便可打开相关网站的网页查看手机价格的信息（参见图 10-22 左图），再选择一种手机品牌的链接（例如"诺基亚"）并单击，便可查看该品牌下所有手机的报价了，如图 10-22 右图所示。

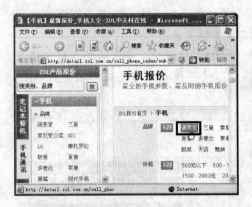

图 10-22　查看关于手机价格的信息

Step 05 可在图 10-21 中继续单击其他关于手机报价的网页超级链接。如果该页已经查完，可单击网页底部的"下一页"或页码"2"超级链接，打开第二页继续查询，直到找到满意的结果为止。

10.2.2　搜索图片和音乐

如果希望在 Internet 上找一些图片或音乐，可通过下面的操作来实现。

Step 01 打开百度搜索引擎的主页，单击"图片"超级链接，切换到图片搜索引擎，在中间的文本框中输入关键词，本例中输入"李冰冰"，然后单击"百度一下"按钮，如图 10-23 左图所示。

Step 02 显示有关李冰冰的图片缩略图，单击某一缩略图便可打开包含该图片的网页，如图 10-23 右图所示。

图 10-23　搜索图片

Step 03 可参考前面介绍的方法,将需要的图片保存;或继续单击图片,打开包含该图片的源网页。

Step 04 继续单击其他缩略图,打开其他图片;如果该页已经查完,可单击网页底部的"下一页"或"2"超级链接,打开第二页继续查询。

Step 05 要搜索音乐,可在百度网站主页中单击"MP3"超链接,在中间文本框中输入歌曲名或歌手名,单击"百度一下"按钮,便可搜索出与关键词相关的 MP3 文件超级链接,如图 10-24 所示。

Step 06 单击要在线试听的歌曲旁的"试听"超级链接,稍等一会,便可在线试听该歌曲,如图 10-25 所示。

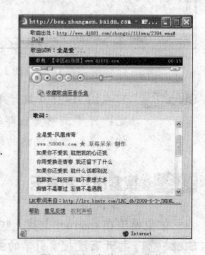

图 10-24　歌曲列表　　　　　　　　　　　　　图 10-25　在线试听歌曲

搜索音乐时,关键词通常是使用歌手名称或音乐名称。此外,要在线听某些音乐时,需要在电脑上安装 RealPlayer 播放器。

10.2.3　其他搜索

除了搜索图片、音乐外,利用百度搜索引擎还可以搜索其他分类信息,具体操作如下。

Step 01 打开百度搜索引擎的主页,单击"更多"超级链接,如图 10-26 左图所示。

Step 02 在打开的页面中单击要查找的分类选项,例如,要查找地图,可单击"地图"超级链接,如图 10-26 右图所示。

Step 03 在打开的页面中的文本框中输入要查找的地点,如"天安门",然后单击"百度一下"按钮,会搜索出与关键字相关的地点,如图 10-27 左图所示。

Step 04 单击某一地点,会弹出图 10-27 右图所示的一个对话框,在"起点"文本框中输入起始站点,然后单击"公交"按钮会显示起始站点与天安门之间的公交线路;单击"驾车"按钮,则会显示两者之间的行驶路线。

图10-26 打开百度搜索引擎的信息分类页面

Step 05 如果想将天安门作为起始站点，则可以单击"从这里出发"超级链接，在打开的画面中输入终点站；如果想查找天安门附近的商场、宾馆等，则可以单击"在附近找"超级链接，然后在打开的画面中进行选择。

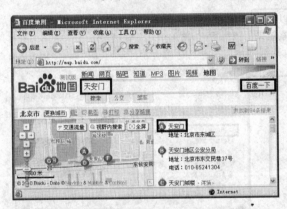

图10-27 使用百度地图

10.3 网上下载

Internet 上有丰富的资源，例如各种资料、软件、电影、音乐等。在上网时，可以将这些资源下载到本地硬盘中使用。下载 Internet 资源有两种方法，一种是利用 IE 浏览器的下载功能下载，一种是使用专门的下载软件下载。

10.3.1 利用 IE 浏览器下载

下面以查找并下载"迅雷"软件为例说明使用 IE 下载资源的方法。

Step 01 打开百度网站主页，在编辑框中输入关键字"迅雷"，然后单击"百度一下"按钮，如图10-28左图所示。

Step 02 在显示的搜索结果中，我们可以看到很多网站都提供迅雷软件下载，单击其中一个网站超级链接，如图10-28右图所示。

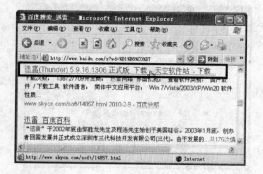

图 10-28 搜索迅雷软件

Step 03 打开资源的下载页面后，单击"下载地址"按钮（参见图 10-29 左图），转到文件的下载链接页面。

Step 04 单击某一文件下载链接地址，如图 10-29 右图所示。

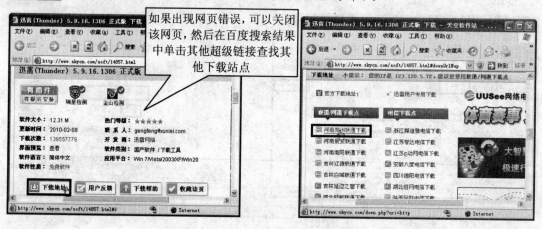

图 10-29 查找并单击迅雷下载地址

 也可右击文件的下载链接地址，从弹出的快捷菜单中选择"目标另存为"项，打开"另存为"对话框下载资源。如果单击下载链接地址后，打开的只是一个网页而不是对话框，说明该链接指向的是网页，无法通过它下载文件。

Step 05 在弹出的"文件下载"对话框中单击"保存"按钮，如图 10-30 左图所示。

Step 06 打开"另存为"对话框。在"保存在"下拉列表中选择文件的保存位置，单击"保存"按钮，开始下载文件，如图 10-30 右图所示。

Step 07 文件下载完毕，在出现的对话框中单击"关闭"按钮关闭对话框，如图 10-31 左图所示，图 10-31 右图显示了刚下载的软件。

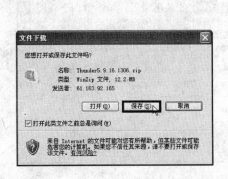

图 10-30　下载文件

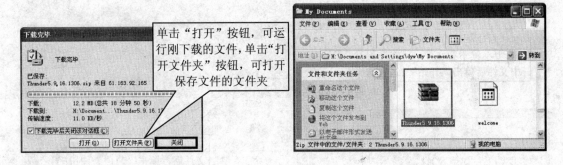

图 10-31　完成文件的下载

10.3.2　使用迅雷下载

使用 IE 下载文件有两个缺点：一是不能断点续传，即下载过程中如果出现意外使下载中断，需要重新下载；二是下载速度慢且不稳定。使用下载软件可以弥补这两个缺陷。目前常用的下载软件有网际快车（FlashGet）、QQ 旋风、迅雷（Thunder）等。

下面以使用迅雷下载歌曲和影片为例介绍使用下载软件下载资源的方法。

Step 01 打开百度搜索引擎，单击"MP3"超级链接，在文本框中输入歌曲名称，如"千里之外"，然后单击"百度一下"按钮。

Step 02 在打开的搜索结果页面中单击某一歌曲来源地址链接，如图 10-32 所示。

Step 03 在打开的歌曲下载页面中右击歌曲下载链接，在弹出的快捷菜单中选择"使用迅雷下载"，如图 10-33 所示。

Step 04 系统将启动迅雷并打开"建立新的下载任务"对话框。在该对话框中单击"浏览"按钮，从打开的"浏览文件夹"对话框中为下载文件设置一个保存位置。回到"建立新的下载任务"对话框后单击"立即下载"按钮即可开始下载，如图 10-34 所示。

Step 05 在迅雷主操作窗口中可以看到正在下载的文件，如图 10-35 所示。文件下载完毕后，其将自动转到"已下载"分类中。

图 10-32 单击歌曲来源地址

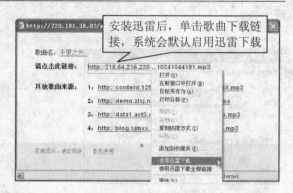

图 10-33 右击歌曲下载链接

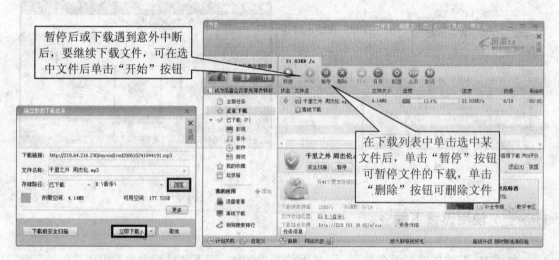

图 10-34 "建立新的下载任务"对话框

图 10-35 正在下载文件

迅雷自身也带有搜索功能。接下来以下载影片"十月围城"为例，介绍使用迅雷搜索并下载影片的方法。

Step 01 启动迅雷后，在迅雷主窗口的搜索框中输入搜索关键词"十月围城"，然后单击"搜索"按钮 ，搜索影片，如图 10-36 所示。

图 10-36 搜索影片"十月围城"

Step 02 在打开的搜索结果页面中单击某一影片来源地址，如图 10-37 所示。

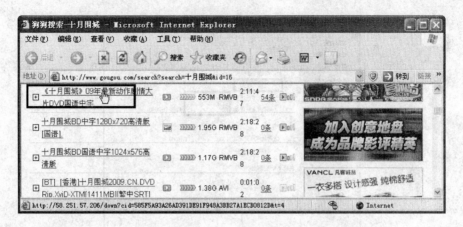

图 10-37　搜索结果

Step 03 在打开的页面中单击下载地址，如图 10-38 左图所示。

Step 04 打开"建立新的下载任务"对话框，设置影片的保存位置，然后单击"立即下载"按钮，即可开始下载影片，如图 10-38 右图所示。

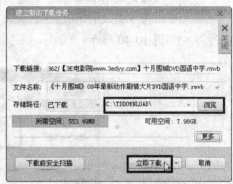

图 10-38　下载影片

10.3.3　设置迅雷的下载属性

使用迅雷下载文件时，我们可以限制其下载和上传速度，以及设置文件默认存储目录等。

Step 01 要限制文件下载和上传速度，首先需要在迅雷主窗口中单击"配置"按钮，打开"配置面板"对话框。

Step 02 单击"配置面板"对话框左侧的"网络设置"选项，然后在右侧选择"自定义模式"单选钮，并在"最大下载速度"文本框中输入文件下载速度的最大值，在"最大上传速度"文本框中输入文件上传速度的最大值，如图 10-39 所示。

图 10-39   限制文件下载和上传速度

Step 03 单击"配置面板"对话框左侧的"任务默认属性"选项，然后在右侧选择"使用指定的存储目录"单选钮，并单击"选择目录"按钮，从打开的对话框中可以为下载文件指定一个默认存储目录，最后单击"确定"按钮，完成设置，如图 10-40 所示。

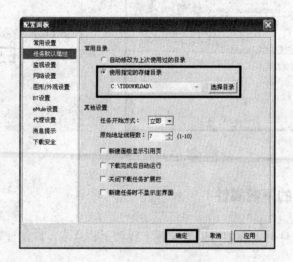

图 10-40   设置文件默认存储目录

10.4   上网技巧

要从一个上网"新手"过渡到"高手"，掌握一些上网技巧是很必要的。

10.4.1　一键访问网站

只需要按键盘上的某个键，便能打开某个网站。如果希望把经常访问的网站设成这样，可通过下面的操作实现。

Step 01　启动 IE 浏览器，单击工具栏中的"收藏夹"按钮，在左侧窗格中用鼠标右击要设定快捷键的网站名称，选择"属性"（参见图 10-41 左图），打开"属性"对话框。

Step 02　在"快捷键"文本框中单击鼠标，然后按下要设置的按键，如按【A】键，此时系统自动在"快捷键"文本框中显示"Ctrl + Alt + A"，如图 10-41 右图所示。此外，用户也可以按下小键盘中的按键或按【F1】～【F12】功能键。

Step 03　单击"确定"按钮，设置结束。以后只要按【Ctrl + Alt + A】组合键，IE 就会自动启动并连到该网站。

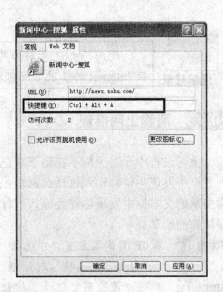

图 10-41　打开网页属性对话框

10.4.2　使用历史记录

IE 浏览器会将我们访问过的网页保存在历史记录中，当你忘记了自己曾访问过的某个网页网址，但又急需要重新访问该网页时，可通过下面的操作来实现。

Step 01　单击 IE 工具栏中的"历史"按钮，打开"历史记录"窗格。

Step 02　单击"查看"按钮，从打开的下拉列表中选择一种查看历史记录的方式，例如选择"按日期"方式，如图 10-42 左图所示。

Step 03　在"历史记录"窗格中单击选择某个日期，再单击选择某个访问过的网页，打开网页，如图 10-42 右图所示。

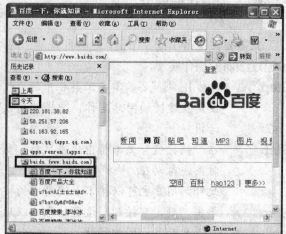

图 10-42　打开某个访问过的网页

使用历史记录前如果选择"文件">"脱机工作"菜单，则可在不连接 Internet 的情况下脱机浏览某些历史记录网页。

10.4.3　清除上网痕迹

上网过程中无时无刻不在留下自己的痕迹：别人可轻易从 IE 浏览器的"地址"栏下拉列表框中发现你曾经输入过什么网址；从"历史"栏中发现你曾经访问过哪些网站；从搜索引擎的文本框中发现你曾经输入过什么关键词……。本节我们介绍如何清除这些痕迹，保护你的隐私。

Step 01　在 IE 浏览器主窗口中选择"工具">"Internet 选项"菜单，打开图 10-43 所示的"Internet 选项"对话框。

Step 02　单击"清除历史记录"按钮，在弹出的对话框中单击"是"按钮，清除历史记录，这样别人便不能从 IE "地址"栏和"历史"栏中发现你曾经访问过哪些网站了。

Step 03　单击"删除 Cookies"按钮，清除 Cookies 文件。Cookies 文件记录着上网者登录某网站时输入的个人资料，很容易造成个人隐私的泄漏。

Step 04　单击"删除文件"按钮，清除 Internet 临时文件。Internet 临时文件是 IE 为了加快网页访问速度，在本地硬盘中保存的一些访问过的网页记录。

Step 05　切换到"内容"选项卡，单击"自动完成"按钮（参见图 10-44 左图），打开"自动完成设置"对话框。

Step 06　在"自动完成设置"对话框中取消"Web 地址"、"表单"、"表单上的用户名和密码"复选框，这样 IE 地址栏、搜索引擎文本框以及网页中的其他文本框内便不会自动记录曾经输入过的文本了，如图 10-44 右图所示。

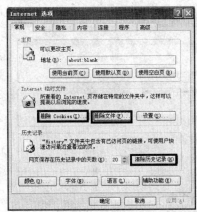 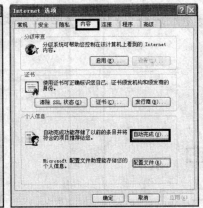 

图 10-43 "Internet 选项"对话框　　　图 10-44 打开"自动完成设置"对话框

Step 07 单击"清除表单"、"清除密码"按钮，这样先前记录的曾经输入过的文本也被清除。

Step 08 最后单击"确定"按钮回到"Internet 选项"对话框，再单击"确定"按钮，完成设置。

综合实例——在音乐网站听歌、下载歌曲和收藏网站

要在线听歌、下载歌曲，首先需要打开某一音乐网站，如"好听音乐网"，然后播放或下载所选择的歌曲，具体操作如下。

Step 01 启动 IE 浏览器，在其地址栏中输入：http://www.haoting.com/，按一下【Enter】键，打开"好听音乐网"主页，选择想听的歌曲（可同时选择多首歌曲），然后单击"连播"按钮，如图 10-45 所示。

Step 02 系统自动打开播放歌曲界面，缓冲一段时间后便开始播放选中的歌曲，如图 10-46 所示。用同样的方式可以欣赏网页中的所有歌曲。

经验之谈

> 在图 10-45 所示页面中单击"全选"按钮，可选中上方板块中的所有歌曲；单击"反选"按钮可选中当前未选择的所有歌曲，取消已选的歌曲。

Step 03 切换到"好听音乐网"主页，选择"收藏" > "添加到收藏夹"菜单，在弹出的"添加到收藏夹"对话框中选择网页的收藏位置，然后单击"确定"按钮，收藏该网站，如图 10-47 所示。

Step 04 下载歌曲的一般方法是：打开百度网站主页，单击"MP3"超级链接，然后在中间的文本框中输入歌曲名称，单击"百度一下"按钮，搜索该歌曲。

Step 05 在打开的歌曲搜索结果页面中单击某一歌曲的来源链接地址，在打开的页面中右击歌曲下载链接，在弹出的快捷菜单中选择"使用迅雷下载"，下载该歌曲，如图 10-48 所示。

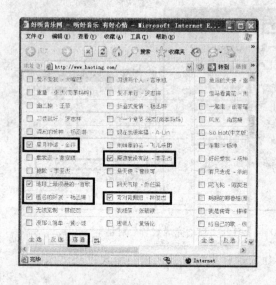

图 10-45　选择要收听的歌曲

图 10-46　歌曲播放界面

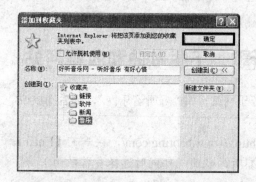

图 10-47　"添加到收藏夹"对话框

图 10-48　下载歌曲

本章小结

通过本章的学习，读者应该重点掌握以下知识：

> 要浏览网页，必须借助专门的软件——浏览器。目前使用最多的浏览器是 Windows 系统自带的 IE 浏览器（Internet Explorer），此外还有第三方提供的火狐浏览器（Firefox）、傲游浏览器（Maxthon）等。

> 在浏览网页时，一般是先打开某网站的主页，然后在主页中单击相关链接，打开网站的其他页面。要打开某网站主页，可以在 IE 浏览器的地址栏中输入其网址。

> 在用 IE 浏览器上网时，IE 会自动记录浏览过的网页。通过单击 IE 浏览器工具栏中的"历史"按钮，可以重新打开在某个日期内浏览的页面。

> 利用右键快捷菜单中的"复制"、"粘贴"和"图片另存为"命令，可以保存网页中的文字和图片。

> 要设置 IE 首页，可在 IE 浏览器中选择"工具">"Internet 选项"菜单，打开"Internet 选项"对话框，在对话框"常规"选项卡的"主页"设置区进行设置。

> 在浏览网页的过程中，可以利用 IE 提供的"收藏夹"功能将自己喜欢的网页收藏起来，以便下次快速打开。

> 搜索引擎是帮助用户在 Internet 上查找信息的网站，比较知名的有百度（www.baidu.com）、谷歌（www.google.com）、雅虎（www.yahoo.cn）等。

> 利用搜索引擎查找信息的方法非常简单。以百度为例，打开百度主页后，在中间的文本框中输入搜索关键字，然后单击"百度一下"按钮，即可返回大量与关键字相关的网页链接。另外，我们还可以单独查找图片、mp3 等信息。

> 要将 Internet 上的软件、电影、音乐等资源下载到电脑中，可采用两种方法，一种是使用浏览器的下载功能，另一种是使用专门的下载软件，如迅雷。

> 使用迅雷软件下载资源时，可以利用工具栏中的按钮对下载任务进行管理（如暂停、开始、删除等），还可以利用配置面板对下载和上传速度进行限制。

思考与练习

一、填空题

1. 网站包括_____和_____，_____就是访问某个网站时打开的第一个页面。
2. 浏览网页时，单击_____按钮可以返回前面看过的网页。
3. 在 Internet 上，有一类专门用来帮助用户查找信息的网站，我们称它为_____。
4. 下载 Internet 资源有两种方法，一种是_____，一种是_____。
5. 使用 IE 下载文件有两个缺点：一是_____，二是_____。
6. 单击 IE 工具栏中的_____按钮，可打开"历史记录"窗格。

二、选择题

1. 下列方法中不能打开 IE 浏览器的是（ ）
   A. 打开"开始"菜单，选择"Internet Explorer"
   B. 双击桌面上的 IE 6.0 图标
   C. 单击任务栏任务提示区中的 IE 6.0 图标
   D. 单击任务栏快速启动工具栏中的 IE 6.0 图标

2. 下面关于浏览网页说法错误的是（ ）
   A. 通过单击网页中的超级链接可打开网页
   B. 通过网址可以打开网页
   C. 单击"停止"按钮可中止网页的下载
   D. 单击"刷新"按钮可打开先前浏览过的网页

3. 下列网站中不属于搜索引擎的是（　）
　　A．新浪　　　　　　　　　B．百度
　　C．Google　　　　　　　　D．搜狗

4. 下列软件中不属于下载软件的是（　）
　　A．迅雷　　　　　　　　　B．超级兔子
　　C．网际快车　　　　　　　D．QQ 旋风

5. 要设置迅雷的下载和上传速度，可在其"配置面板"的哪个选项中进行设置（　）
　　A．常用设置　　　　　　　B．BT 设置
　　C．网络设置　　　　　　　D．下载安全

三、操作题

1. 打开"新浪"网站的新闻频道浏览新闻。
2. 收藏"百度"网站。
3. 搜索并下载歌曲"菊花台"。
4. 清除网页历史访问记录。

第11章

网上工作和生活

章前导读

Internet 与我们的工作和生活紧密相连，利用 Internet，我们可以收发电子邮件；与五湖四海的人聊天；不必再到售票点购买机票，或到酒店订房间，从网上便可以把这一切搞定，而且价格还很便宜；此外，还可以从网上买东西、玩游戏、听音乐、看电影等。

11.1 收发电子邮件

电子邮件又称 E-mail，是指通过 Internet 传递的邮件，它书写灵活（可以发送文本、图片等），收发快捷（对方几乎可以马上就能收到您发的邮件），已经成为现代生活中最常用的交流方式之一。

收发电子邮件需要先申请一个电子邮箱，获得一个电子邮件地址。目前，提供免费电子邮箱的网站有很多，如新浪、搜狐、网易、Tom 等。

11.1.1 申请电子邮箱

在不同的网站申请电子邮箱的过程都很相似，下面以在新浪网站申请一个电子邮箱为例进行说明。

Step 01 在 IE 浏览器的地址栏中输入新浪网站的网址：http://www.sina.com，按【Enter】键打开"新浪"网站主页，然后单击"邮箱"超级链接（参见图 11-1），打开新浪网站的邮箱网页。

Step 02 单击"注册免费邮箱"按钮（参见图 11-2），打开注册邮箱的网页。

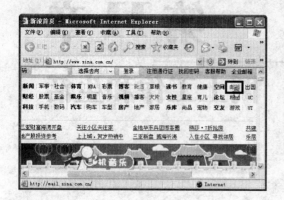

图 11-1 新浪网站首页

图 11-2 单击"注册免费邮箱"按钮

Step 03 在"邮箱名称"文本框中输入一个用户名，接下来在"验证码"文本框中输入右侧提示的验证字符，然后单击"下一步"按钮，如图 11-3 所示。

Step 04 在打开的网页中根据提示输入邮箱密码，选择密码查询问题并输入密码查询问题的答案，然后输入验证码，单击"提交"按钮，完成邮箱的注册，如图 11-4 所示。

图 11-3 输入用户名

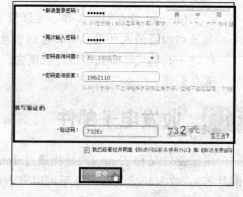

图 11-4 输入相应内容

申请成功后，系统会打开一个网页提示邮箱注册成功，并显示电子邮件地址。电子邮件地址的格式是：用户名@域名。其中"用户名"是收件人的账号；"域名"是电子邮件服务器名；@是一个功能分隔符号，用于连接前后两部分。

11.1.2 用 Web 方式收发电子邮件

利用 Web 方式收发电子邮件是指在 IE 浏览器中打开提供免费邮箱的网站，登录电子邮箱并收发电子邮件，下面是具体操作方法。

1. 登录电子邮箱

收发电子邮件时，首选需要在提供邮箱的网站中登录电子邮箱。下面我们以登录上一节申请的电子邮箱为例说明。其他网站的登录方式大致相同。

Step 01　打开申请电子邮箱的网站，本例为新浪网站，在"登录名"和"密码"文本框中分别输入电子邮箱用户名和密码，单击"登录"按钮，如图 11-5 左图所示。

Step 02　成功登录电子邮箱，如图 11-5 右图所示。此时便可以收发电子邮件了。

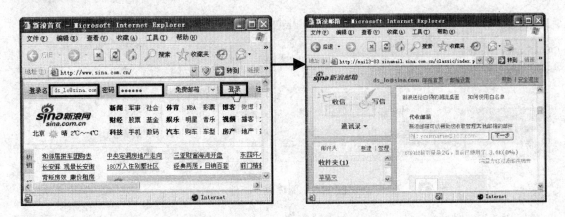

图 11-5　登录电子邮箱

2. 发送和接收电子邮件

登录电子邮箱后，便可以收发电子邮件。下面是在新浪邮箱中发送和接收电子邮件的操作方法。其他网站的操作大致相同。

Step 01　进入电子邮箱，然后单击"写信"按钮，在打开的页面中输入收件人的电子邮件地址、主题及邮件内容，如图 11-6 所示。

Step 02　如果想随信附上一张图片（或其他文件），可单击"添加附件"按钮，打开"选择文件"对话框，选择要发送的文件，然后单击"打开"按钮，回到邮件编辑页面，单击"发送"按钮，便可将邮件发送给好友，如图 11-6 所示。

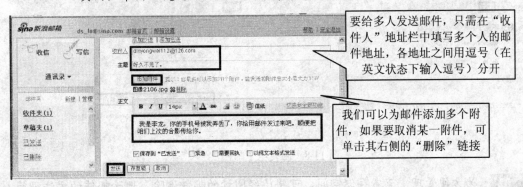

要给多人发送邮件，只需在"收件人"地址栏中填写多个人的邮件地址，各地址之间用逗号（在英文状态下输入逗号）分开

我们可以为邮件添加多个附件，如果要取消某一附件，可单击其右侧的"删除"链接

图 11-6　发送电子邮件

Step 03 要阅读别人发来的邮件，可先登录邮箱，单击"收信"按钮，在打开的网页中查看邮件列表，单击要阅读的邮件链接（参见图11-7左图），打开邮件并阅读邮件内容。

Step 04 如果邮件包含附件，网页中将显示附件的名称、大小（参见图11-7右图），单击附件名称可打开"文件下载"对话框。单击"打开"或"保存"按钮，可将附件打开或保存到电脑中；如果邮件包含多个附件，则可以单击"全部下载"按钮，下载全部附件。

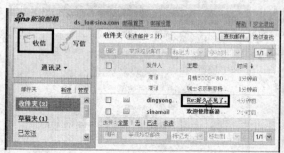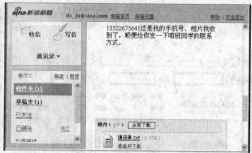

图 11-7 阅读电子邮件

3. 回复、转发和删除电子邮件

收到朋友的电子邮件后，可以直接在邮件阅读窗口中给他回复，省却填写电子邮件地址的麻烦。此外，还可以将收到的电子邮件转发给别人，对于不需要的电子邮件，则可以将其删除，以节省邮箱空间。具体操作如下。

Step 01 邮件的回复与转发其实很简单，打开要回复或转发的邮件后，单击"回复"按钮，在打开的画面中输入回复内容并单击"发送"按钮，即可对该邮件进行回复；单击"转发"按钮，在打开的画面中输入收件人地址，然后单击"发送"按钮即可将邮件转发。图11-8所示为回复邮件的操作。

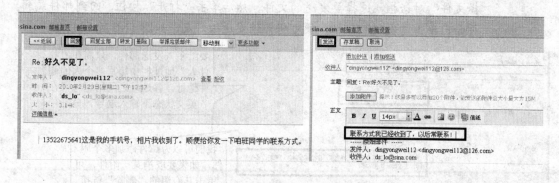

图 11-8 回复电子邮件

Step 02 为方便管理，节省存储空间，可将已经阅读的邮件删除。删除邮件的方法很简

单，首先勾选要删除邮件前的复选框，单击"删除"按钮即可删除邮件，如图
11-9所示。

图11-9 删除电子邮件

4. 管理我的联系人

如果您经常给某位朋友发邮件，可将其邮件地址添加到通讯录，发送邮件时直接调用
即可，从而避免每次发送邮件时都需要输入邮件地址。管理联系人的具体操作如下。

Step 01 进入电子邮箱后，单击"通讯录"，在打开的页面中单击"新建联系人"按钮，
如图11-10左图所示。

Step 02 在打开的联系人信息输入页面中输入联系人信息，然后单击"保存"按钮保存
联系人信息，如图11-10右图所示。

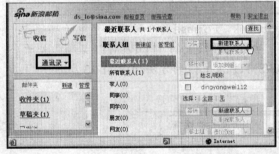

图11-10 新建联系人

Step 03 刚添加的联系人出现在通讯录中。要继续添加联系人，可重复上述操作。添加
好联系人后，在发邮件时可单击"收件人"，在打开的列表框中单击某一联系
人选项，该联系人的邮件地址将自动添加到"收件人"编辑框中，如图11-11
所示。

Step 04 对于不再需要的联系人可将其删除。方法是：打开"通讯录"，单击"所有联系
人"，在右侧窗格中选择要删除的联系人，单击"删除联系人"按钮，如图11-12
所示。

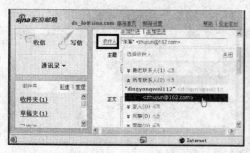

图 11-11　选择收件人　　　　　　　　图 11-12　删除联系人

11.1.3 用 Outlook Express 收发电子邮件

　　使用 IE 浏览器收发电子邮件每次都需要进入邮箱所属的网站，并输入用户名和密码，这在事事追求高效的当今社会，显得非常麻烦。而使用邮件收发软件就可以很好地解决这个问题。经过设置后，我们可以直接使用它收发邮件而不用打开网页。

　　Outlook Express 简称 OE，是微软开发的一款电子邮件收发软件，下面介绍其用法。

1. 设置电子邮件账户

　　Outlook Express 被集成在 Windows XP 中，使用时无需安装，十分方便。要使用 Outlook Express 收发电子邮件，需先设置电子邮件账户，具体操作如下。

　　　　如果使用客户端软件（如 Outlook、Foxmail 等）管理新浪电子邮箱，首先需要在 Web 页面登录邮箱，确认邮箱设置的 "POP/SMTP 设置" 处于开启状态。开启新浪邮箱 "POP/SMTP 设置" 的方法如图 11-13 所示。

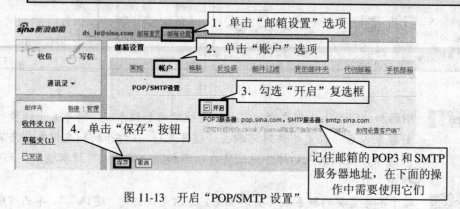

图 11-13　开启 "POP/SMTP 设置"

Step 01　打开 "开始" 菜单，选择 "所有程序" > "Outlook Express" 菜单，启动 Outlook Express。

Step 02　选择 "工具" > "账户" 菜单（参见图 11-14），打开 "Internet 账户" 对话框。

Step 03　在 "Internet 账户" 对话框中单击 "添加" 按钮，从弹出的快捷菜单中选择 "邮件"（参见图 11-15），打开"Internet 连接向导"对话框。

 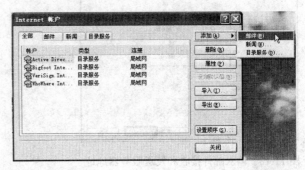

图 11-14 选择"工具">"账户"菜单　　　图 11-15 "Internet 账户"对话框

Step 04 在"Internet 连接向导"对话框的"显示名"文本框中输入需要在邮件中显示的名称，单击"下一步"按钮，如图 11-16 所示。

Step 05 在打开的画面中输入先前在网站申请的电子邮件地址，然后单击"下一步"按钮，如图 11-17 所示。

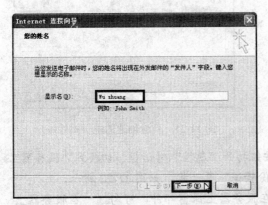 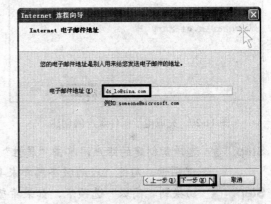

图 11-16 输入显示名　　　　　　　　图 11-17 输入电子邮件地址

Step 06 在打开的画面中输入邮件接收服务器（POP3）和发送服务器（SMTP）地址，然后单击"下一步"按钮，如图 11-18 所示。

> 大多数邮件接收服务器地址都是"pop.网站域名"，例如，新浪邮箱为"pop.sina.com"；也有些网站的邮件接收服务器地址为"pop3.网站域名"，例如搜狐邮箱为"pop3.sohu.com"。具体情况可留意网站的说明。邮件的发送服务器地址通常为"smtp.网站域名"。

Step 07 在打开的画面中已自动输入邮箱账户名，此处只需输入密码，然后单击"下一步"按钮，如图 11-19 所示。

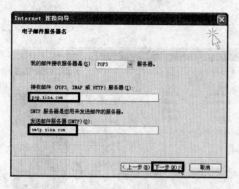 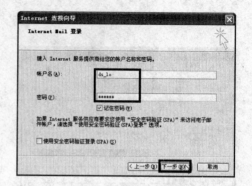

图 11-18　输入邮件接收和发送服务器地址　　　图 11-19　设置邮箱账户名和密码

Step 08　在打开的画面中单击"完成"按钮，完成邮件账户的创建，如图 11-20 所示；回到"Internet 账户"对话框，在"邮件"选项卡中可以看到新创建的账户，如图 11-21 所示。

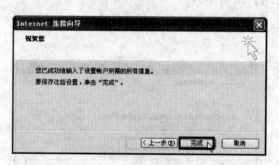 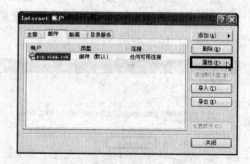

图 11-20　完成电子邮件账户的创建　　　图 11-21　查看创建的电子邮件账户

Step 09　选择新创建的账户，单击"属性"按钮打开"属性"对话框。切换到"服务器"选项卡，勾选"我的服务器要求身份验证"复选框，如图 11-22 所示。

Step 10　切换到"高级"选项卡，如果希望在服务器上保留邮件，可勾选"在服务器上保留邮件副本"复选框，如图 11-23 所示。

 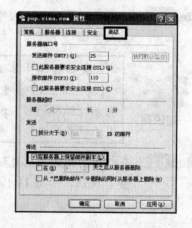

图 11-22　"服务器"选项卡　　　图 11-23　"高级"选项卡

Step 11 单击"确定"按钮回到"Internet 账户"对话框。单击"关闭"按钮，完成设置。

2. 发送电子邮件

设置好电子邮件账户后，便可以在 Outlook Express 中收发电子邮件了，下面以给朋友 dinglong@sohu.com 发送邮件为例，介绍使用 Outlook Express 发送邮件的方法。

Step 01 启动 Outlook Express，单击工具栏中的"创建邮件"按钮，如图 11-24 左图所示。

Step 02 在打开的窗口中的"收件人"文本框中输入收件人的电子邮件地址，并输入主题和邮件内容。如果要为邮件添加附件，可选择"插入" > "文件附件"菜单，打开"插入附件"对话框，选择要附在邮件中的文件后单击"附件"按钮，最后单击"发送"按钮，即可将邮件发送出去，如图 11-24 右图所示。

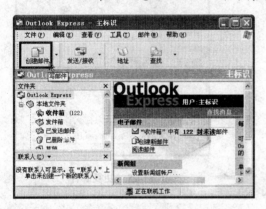

图 11-24 发送电子邮件

3. 接收和阅读电子邮件

启动 Outlook Express 时，Outlook Express 会自动连接上邮件服务器将服务器上的邮件取回来；在打开 Outlook Express 的情况下，可单击主窗口上方的"发送/接收"按钮，从服务器取回邮件，如图 11-25 所示。收回邮件后，可参考下面的操作阅读邮件。

Step 01 默认情况下，所有收到的邮件均被放在"收件箱"文件夹中，单击左侧列表中的"收件箱"，右侧列出了收件箱中的邮件，单击要阅读的邮件，邮件的内容会显示在窗口下方，如图 11-26 所示。

Step 02 如果邮件名称前面有 ◊ 标记，则表示该邮件包含附件。要转存附件，需单击 ✐ 按钮，从弹出的快捷菜单中选择"保存附件"，如图 11-26 所示。

Step 03 也可以双击邮件，打开邮件阅读窗口阅读邮件，如图 11-27 所示。此时如果要回复或转发邮件，可单击"答复"或"转发"按钮，然后在打开的窗口中输入回复或转发的电子邮件地址的内容，单击"发送"按钮，如图 11-28 所示。

图 11-25 收取电子邮件

图 11-26 阅读电子邮件

图 11-27 阅读邮件窗口

图 11-28 回复邮件

4. 使用通讯簿

Outlook Express 提供了通讯簿功能，您可以方便地添加和使用通讯簿中的联系人，具体操作如下。

Step 01 要添加联系人，需要在 Outlook Express 主窗口中选择"联系人" > "新建联系人"选项（参见图 11-29 左图），打开联系人属性对话框。

Step 02 在联系人属性对话框中填写联系人的信息及电子邮件地址，然后单击"添加"按钮添加电子邮件地址，单击"确定"按钮，完成联系人的添加，如图 11-29 右图所示。

经验之谈

> 除了上述方法外，另一种添加联系人的方法是在"收件箱"文件夹中，用鼠标右键单击需要添加联系人的邮件，在弹出的快捷菜单中选择"将发件人添加到通讯簿"即可。

Step 03 写邮件时，可直接调用添加的联系人地址。方法是：双击需要对其发送邮件的联系人，如"李双"（参见图 11-30 左图），打开新邮件窗口。

Step 04 联系人自动出现在"收件人"编辑框中，输入邮件主题与正文内容，单击"发送"按钮即可，如图 11-30 右图所示。

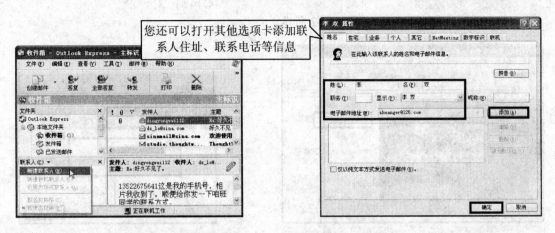

图 11-29 添加联系人

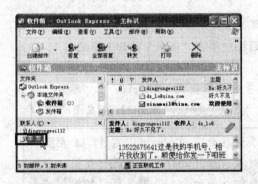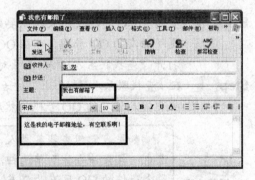

图 11-30 使用联系人发送电子邮件

11.2 网上聊天

Internet 为人们的交流提供了多种方式，例如，您可以使用 QQ、MSN 聊天，如果您喜欢热闹一点，还可以到网络聊天室去。

11.2.1 用 QQ 聊天和传文件

腾讯 QQ 是由深圳腾讯公司开发的一款基于 Internet 的即时通讯软件，它不仅可以实现信息即时发送和接收，语音及视频面对面聊天，还具有聊天室、传输文件等功能，是目前国内最为流行的，功能最强的即时通讯软件。

要使用 QQ 聊天，首先需要下载并安装软件，然后申请一个 QQ 号。

Step 01 打开 QQ 下载页面（http://im.qq.com），下载并安装 QQ 软件，如图 11-31 所示。

Step 02 双击桌面上的 QQ 图标，启动 QQ 软件。如果用户还没有 QQ 号码，则可以单击"注册新账号"链接，在打开的 QQ 号码注册向导中填写注册信息，申请一个 QQ 号码，然后在登录对话框中输入新申请的 QQ 号码和密码，单击"登录"

按钮,登录 QQ,如图 11-32 所示。

图 11-31　下载 QQ 软件　　　　　　　　　　图 11-32　登录 QQ

Step 03 要通过 QQ 与朋友聊天,需要先将其添加到自己的好友列表中。如果您已经知道了朋友的 QQ 号码,可在 QQ 操作面板中单击"查找"按钮(参见图 11-33),打开"查找联系人/群/企业"对话框。

Step 04 在"查找联系人/群/企业"对话框中选中"精确查找"单选钮,在"账号"文本框中输入好友的 QQ 号码,然后单击"查找"按钮,如图 11-34 左图所示。

> 如果我们想查找某类人,例如居住在北京的人,可以在 11-34 左图中选中"按条件查找"单选钮,然后对搜索条件进行设置并进行查找,添加符合条件的 QQ 网友为好友。如果想加入某一个 QQ 群,可以切换到"查找群"选项卡中进行查找。

Step 05 系统返回查找结果,选中它,单击"添加好友"按钮,如图 11-34 右图所示。

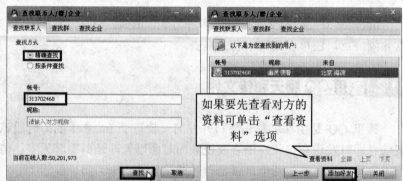

图 11-33　单击"查找"按钮　　　　　　　图 11-34　查找并添加好友

Step 06 在出现的"添加好友"对话框中输入验证信息以便让对方知道你的身份,然后单击"确定"按钮,在随后出现的提示对话框中单击"确定"按钮,向对方发送添加申请,如图 11-35 所示。

Step 07 如果对方接受您的申请，任务栏中的QQ图标会变为小喇叭闪烁状，单击它，在弹出的对话框中单击"确定"按钮，即可添加成功，用同样的方法可以添加多个好友。

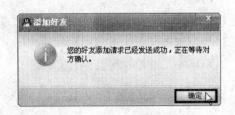

图 11-35 发送添加申请

Step 08 回到QQ操作面板，单击"我的好友"前面的三角按钮，使箭头指向下方，我们可以看到，好友已经被添加到名单中，如图11-36所示。

Step 09 添加好友后，如果想和某人聊天，需要双击此人头像打开聊天窗口，如图11-36所示。

Step 10 在聊天窗口中输入想说的话，单击"发送"按钮发送信息，对方给您发的信息同样会显示在聊天窗口中，如图11-37所示。

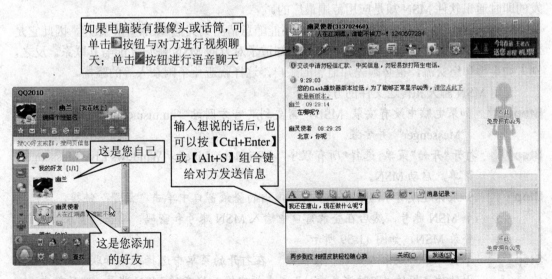

如果电脑装有摄像头或话筒，可单击 按钮与对方进行视频聊天；单击 按钮进行语音聊天

输入想说的话后，也可以按【Ctrl+Enter】或【Alt+S】组合键给对方发送信息

这是您自己

这是您添加的好友

图 11-36 查看添加的好友　　　　　　　　　　　　　图 11-37 与好友聊天

Step 11 如果想将电脑中的某一文件发送给好友，可单击"发送文件" 右侧的三角按钮，在打开的菜单中单击"发送文件"（参见图11-38左图），打开"打开"对话框。

Step 12 选择要传送的文件，然后单击"打开"按钮（参见图 11-38 右图），当对方在聊天窗口中单击"接收"或"另存为"链接接收文件后，便开始向对方传送文件。

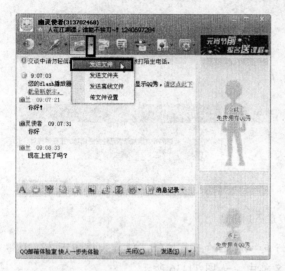

图 11-38　给好友传送文件

11.2.2　用 MSN 聊天和传文件

在中国的即时通讯软件中，QQ 无疑是使用人数最多的；但在世界的范围中，微软开发的即时通讯软件 MSN 却是应用范围最广的。

MSN 不能随便搜索到在线的用户，也不能随意猜测到其他 MSN 用户账户，因此它是最不易被骚扰的即时通讯软件之一，您只有知道了对方的 MSN 账户才能与其联系。反之，别人如果想和您交流，也必须先知道您的账户，这样就避免了闲杂人等的骚扰。

使用 MSN 聊天和传送文件的方法如下。

Step 01 如果电脑中没有安装 MSN，需要到其官方网站"cn.msn.com"下载最新版的 "Messenger"并安装。

Step 02 打开"开始"菜单，选择"所有程序">"Windows Live">"Windows Live Messenger" 菜单，启动 MSN。

Step 03 如果你还没有 MSN 账号，需在弹出的登录窗口中单击"注册"链接，注册一个 MSN 账号，然后在登录窗口中输入 MSN 账号和密码，单击"登录"按钮，登录 MSN，如图 11-39 所示。

Step 04 单击"添加联系人或群"按钮 ，在打开的菜单中选择"添加联系人"，在弹出的对话框的"即时消息地址"文本框中输入好友的 MSN 账号，然后单击"下一步"按钮，如图 11-40 所示。

Step 05 在打开的画面中单击"发送邀请"按钮，如图 11-41 左图所示。

Step 06 在打开的画面中单击"关闭"按钮，关闭对话框即可，如图 11-41 右图所示。

图 11-39　登录 MSN　　　　　　　　　　图 11-40　输入好友账号

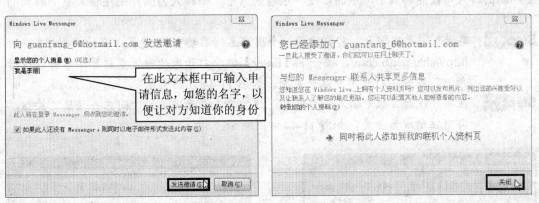

在此文本框中可输入申请信息，如您的名字，以便让对方知道你的身份

图 11-41　完成联系人的添加

Step 07　对方接受你的请求后，会出现在您的好友列表中，如果要和其聊天，需双击好友头像，打开聊天窗口，如图 11-42 左图所示。

Step 08　在聊天窗口中输入想说的话，然后按【Enter】键，即可发送消息，对方给你发的消息也会出现在聊天窗口中，如图 11-42 右图所示。

Step 09　同 QQ 一样，利用 MSN 也能传输文件，方法是：在聊天窗口中选择"文件" > "发送一个文件或照片"菜单，然后在弹出的对话框中选择要传输的文件，操作方法同使用 QQ 传输文件一样，如图 11-43 所示。

11.2.3　在聊天室中聊天

　　所谓网上聊天室，就是网站提供的供人聊天的空间，来自四面八方的人济济一堂，您可以和某个人单独聊天，也可以对所有人发言；您可以选择查看所有人的发言，也可以选择只查看某个人的消息。

  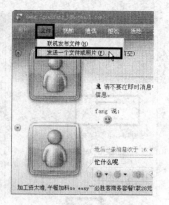

图 11-42　与好友聊天　　　　　　　　　　图 11-43　给好友发送文件

目前，提供聊天室的网站有很多，如"新浪"网站、"乐趣"网站等，用户只要登录这些网站的聊天室便能聊天了，下面以在"乐趣聊天室"中聊天为例介绍在聊天室中聊天的方法。

Step 01　要进入聊天室聊天，需要注册一个用户名。启动 IE 浏览器，在地址栏中输入：http://chat.netsh.com/，按一下【Enter】键，打开乐趣聊天室首页，单击"注册用户"按钮，打开用户注册页面，如图 11-44 左图所示。

Step 02　在用户注册页面中输入会员信息，然后单击页面底部的"同意并注册"按钮，即可注册成为会员，如图 11-44 右图所示。

 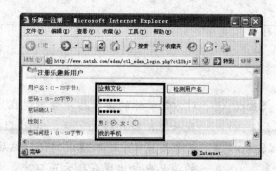

图 11-44　注册用户

Step 03　注册成为会员后就可以直接进入聊天室了。在网站首页中输入用户名和密码，然后单击"确认登录"按钮登录聊天室，如图 11-45 左图所示。

Step 04　登录成功后，随便单击一个房间的链接，如"闲聊乐趣"，如图 11-45 右图所示。

图 11-45　登录网站并选择聊天室

Step 05　在打开的页面中单击"进入聊天室"按钮，如图 11-46 左图所示。

Step 06　进入"闲聊乐趣"聊天室，在"消息"文本框中输入要说的话，在右侧的用户列表中单击发言对象，然后单击"发送"按钮发送消息，如图 11-46 右图所示。

图 11-46　进入聊天室聊天

11.3　网上购物

　　网上买东西作为一种新兴的购物方式，有其独特的优势，您可以坐在家里挑选自己喜爱的商品，而不用特意跑到商场或者书店里去，并且挑选好了之后网站还负责送货上门，节省了您的宝贵时间。

　　虽然网上购物有诸多的好处，但作为一种新兴事物，它也存在很多弊端。例如，我们不知道通过什么手段来确定一个商家是否值得我们信任，付款之后拿不到货的现象时有发生；在使用信用卡交易的时候，银行账号和密码有可能会被人窃取；如果商品出现质量问题，很难找到有效的解决问题的渠道等。因此，在进行网上购物时，一定要谨慎。

　　首先，上网购物之前要认真选择专业的购物网站，核实该网站是否具有电信业务管理部门颁发的经营许可证书。如国内认可度较高的购物网站有易趣网（www.eachnet.com）、淘宝网（www.taobao.com）和当当网（home.dangdang.com）等。其中，易趣和淘宝都是大型的个人交易网上平台。

　　其次，选购商品之前，先要查看售货公司和个人的信用度。公司则查看是否已经通过工商登记注册，消费者也可以通过拨打该公司在网上提供的电话来核实其真伪。个人的信用度查看，主要通过该人的交易次数、服务态度等级、网友对其留言三方面综合考察，一般来说，交易次数越多越可靠。

　　第三，在交易之前，认真阅读交易规则及附带条款，勿被不合常理的低价所诱惑。建议选择货到付款和同城交易的方式。

　　最后，保留有关单据，如确认书、用户名、密码等。使用信用卡支付时，要建立专门的信用卡，切忌一卡多用；卡内金额以购物付款额为准，不宜多放；用后及时更换密码，防止他人以不法手段盗用。

11.3.1 预订飞机票

　　如今，人们的商务活动日益繁忙，节假日外出人数剧增，提前预订车票、机票或酒店已经成为势在必行的事。否则您很可能会因为买不到票或者订不到房间而不得不改变原来的计划。利用 Internet 进行网上预订，是一个很好的解决此问题的办法。

　　我们以利用携程旅行网（网址是 www.ctrip.com）预订从北京到广州的往返机票为例介绍如何在网上预订机票。

Step 01 打开携程旅行网主页，单击"注册"按钮，注册并登录携程旅行网。

Step 02 单击"国内机票"选项卡，然后设置查询条件，例如机票类型为往返，出发城市为北京，出发日期为 2010 年 2 月 26 日，目的城市为广州，返回日期为 2010 年 3 月 1 日，然后单击"查询航班"按钮，如图 11-47 所示。

Step 03 打开飞机航班列表页面，列举了符合您查询要求的航班信息。选择您要搭乘的航班，单击其右侧的"查看返程"按钮，如图 11-48 所示。

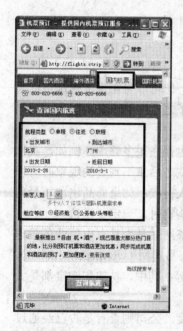
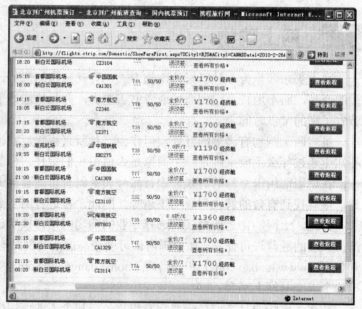

图 11-47　设置查询条件　　　　　　　图 11-48　选择航班

Step 04 在打开的页面中选择返程航班，并单击其右侧的"预订"按钮，如图 11-49 所示。

Step 05 在打开的页面中确认预订的航班信息，并按照提示填写登记人信息（姓名、证件类型及号码），并填写联系人信息（姓名、手机号码和邮箱等），然后单击"下一步"按钮，如图11-50所示。

图11-49 选择返程航班

图11-50 填写登机人与联系人信息

Step 06 在打开的页面中选择机票出票时间以及配送方式，送票地址及送票时间，选择机票票款支付方式，然后单击"下一步"按钮，如图11-51所示。

Step 07 在打开的页面中核对预订信息，确认无误后单击"提交订单"按钮，即可预订机票，如图11-52所示。

图11-51 选择机票收取方式

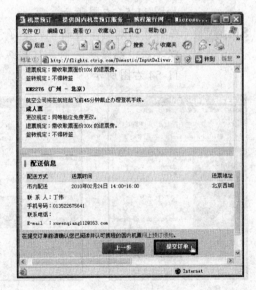

图11-52 提交订单

11.3.2 在当当网购物

下面通过在当当网购买图书为例，介绍网上购物流程。

Step 01 打开当当网主页，单击"图书"超级链接，在打开的页面左侧的图书分类列表中选择您喜欢的图书类型，这里我们单击"财经"超级链接，如图11-53左图所示。

Step 02 在打开的页面中选择您喜欢的图书，这里我们单击"圈子圈套.1 战局篇"超级
链接（用户也可以通过站内搜索找到要买的书），如图 11-53 右图所示。

图 11-53　选择要购买的图书

Step 03 IE 浏览器跳转到图书简介页面，提供了商品的详细介绍，单击"购买"按钮，
如图 11-54 左图所示。

Step 04 在打开的购物车页面中列举了您挑选的商品，如果还想继续挑选其他商品，可
以单击"继续挑选商品"超级链接，挑选好商品后，单击"结算"按钮，如图
11-54 右图所示。

 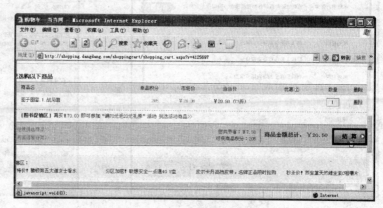

图 11-54　将图书放入购物车

Step 05 如果是第一次在当当网购物，则在打开的页面中单击"创建一个新用户"超级
链接，如图 11-55 左图所示。

Step 06 在打开的页面中填写电子邮件地址、当当网密码及验证码，然后单击"注册"
按钮，如图 11-55 右图所示。

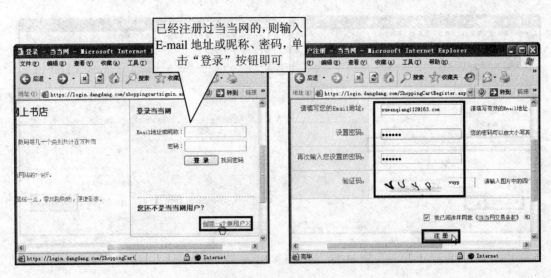

图 11-55 注册用户

Step 07 在打开的页面中填写收货人姓名、地址和电话等，然后单击"确认收货人信息"按钮，如图 11-56 左图所示。

Step 08 在打开的页面中选择送货方式，然后单击"确认送货方式"按钮，如图 11-56 右图所示。

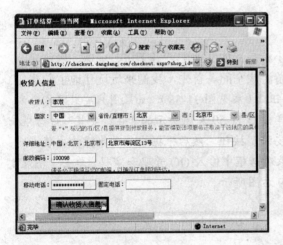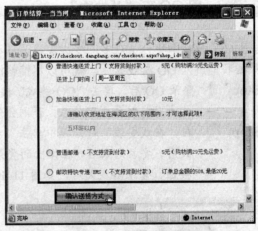

图 11-56 输入收件人信息并选择送货方式

Step 09 在打开的页面中选择付款方式，单击"确认付款方式"按钮（参见图 11-57 左图），在打开的页面中核对订单。若有要更改的地方，可单击右侧"修改"超级链接进行修改。核对完成后，输入验证码，单击"提交订单"按钮将订单提交，如图 11-57 右图所示。

Step 10 订单提交成功，您可以等待送货人员送货上门了。

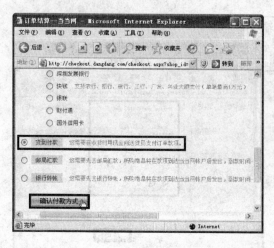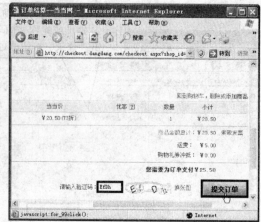

图 11-57　选择付款方式并提交订单

11.4　网上游戏

在工作学习之余，我们可以上网玩玩游戏，这不仅能使我们紧张疲劳的神经得以放松，而且还能交到许多志趣相投的朋友。

11.4.1　用 QQ 玩"斗地主"

QQ 游戏中集合了众多深受大家喜爱的小游戏，如斗地主、五子棋、桌球、麻将等。只要我们进入 QQ 游戏大厅，就可以尽情畅游游戏空间。首先，我们来玩玩斗地主游戏。

Step 01 登录 QQ 后，单击"QQ 游戏"按钮 ▓（参见图 11-58），如果用户安装了 QQ 游戏大厅，则会自动登录，否则会弹出图 11-59 左图所示的"在线安装"对话框。

Step 02 在"在线安装"对话框中单击"安装"按钮，然后根据安装向导操作安装游戏大厅，安装结束后，在弹出的登录对话框中输入 QQ 号码和密码，单击"登录"按钮，登录游戏大厅，如图 11-59 右图所示。

图 11-58　单击"QQ 游戏"按钮　　　　图 11-59　安装并登录 QQ 游戏大厅

Step 03 进入游戏大厅之后，我们暂时还不能玩任何游戏。此时我们身处在一个空荡荡的大厅，还需要将自己要玩的游戏安装进来，下面以安装"斗地主"游戏为例进行说明。首先，在页面左侧的"牌类游戏"列表中双击"斗地主"游戏，如图 11-60 左图所示。

Step 04 在弹出的图 11-60 右图所示对话框中单击"确定"按钮，开始安装斗地主游戏。

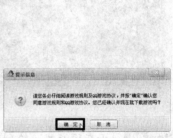

图 11-60　安装斗地主游戏

Step 05 游戏安装成功，在弹出的图 11-61 所示的对话框中单击"确定"按钮。

Step 06 单击窗口左侧游戏列表中的"斗地主"打开服务器列表，如"网通专区"，再单击某个区打开该区，例如，单击"普通场一区"，然后双击进入其中一个房间，如"普通场 4"，如图 11-62 所示。

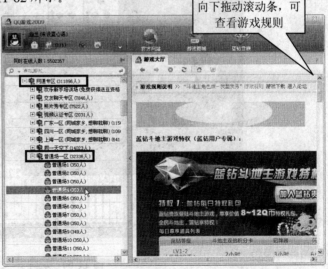

图 11-61　单击"确定"按钮　　　　图 11-62　选择游戏房间

Step 07 进入房间后，单击房间顶部的"快速加入游戏"按钮，加入游戏，如图 11-63 左图所示。

Step 08 在打开的游戏画面中单击"开始"按钮，当其他两个玩家也单击该按钮后，游戏开始，如图 11-63 右图所示。

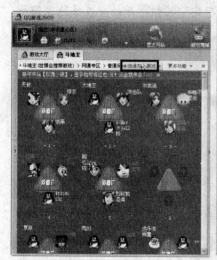 

图 11-63 加入游戏

Step 09 正在玩游戏。轮到您出牌时，单击选择要出的牌，再单击"出牌"按钮即可出牌，如图 11-64 所示。打完后，如果想要继续，单击"开始"按钮；要退出，单击右上角的关闭按钮。

图 11-64 玩牌

11.4.2　在开心网当农场主

开心网是一个社交网络，通过它可以进行种菜、养花、养家畜、养鱼和争车位等休闲娱乐活动，在添加好友后，你还可以去偷好友的菜和家畜等，还可以与好友一起玩游戏。在开心网当农场主的方法如下。

Step 01 启动 IE 浏览器，在地址栏中输入网址：www.kaixin001.com，按【Enter】键，打开开心网主页，如果您还没有开心网账号，首先需要单击"立即注册"超级链接，注册一个会员，然后在开心网主页输入用于注册的 E-mail 和密码，然后单击"登录"按钮，登录开心网，如图 11-65 所示。

Step 02 开心网提供了多个功能模块，要使用某一功能模块需先将其添加到您的账户中，方法是：单击"添加组件"超级链接，如图 11-66 所示。

图 11-65　登录开心网　　　　　　　　　　图 11-66　单击"添加组件"超级链接

Step 03 在打开的页面中选择要添加的组件，如果要当农场主，需要单击"买房子送花园"右侧的"我要添加"超级链接，如图 11-67 左图所示。

Step 04 在打开的页面中单击"立即添加"按钮，添加"买房子送花园"组件，如图 11-67 右图所示。

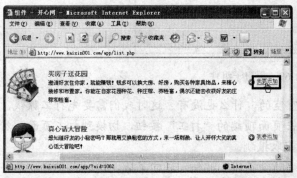

图 11-67　添加功能组件

Step 05 在打开的图 11-68 左图所示页面中阅读"买房子"组件的使用技巧,然后单击"下一步"按钮。

Step 06 在打开的图 11-68 右图所示页面中单击"开始游戏"按钮。

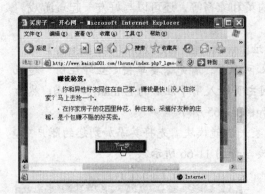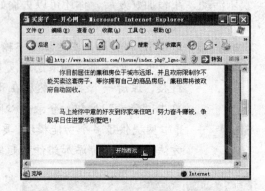

图 11-68 买房子组件的设置向导

Step 07 在打开的页面中要入住自己的房子,可单击"入住"按钮,如图 11-69 所示。

Step 08 要进入菜地种植蔬菜,可在图 11-69 中单击"进入花园菜地"超级链接。

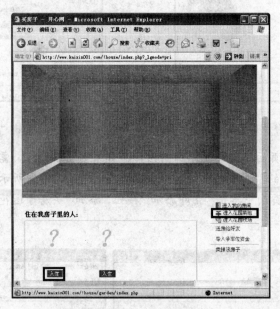

图 11-69 买房子组件

Step 09 进入菜地后我们会发现地里空空的,什么也没有。这时我们需要先打工赚钱,购买种子。打工方法是:单击页面顶端的"打工"按钮,切换到打工页面,然后选择要从事的工作,即可获取报酬。

Step 10 在拿到工资后,单击页面顶端的"花园"按钮,返回菜地。这时我们可以单击"商店",进入商店购买种子(参见图 11-70 左图),然后单击页面底部的"播种"按钮,选择要使用的种子,在耕过的土地上单击,即可撒播种子,如图 11-70 右图所示。

图 11-70　购买种子种菜

11.5　网上听音乐和看电影

11.5.1　听音乐

用户可通过音乐网站或音乐软件在线听歌。下面介绍使用音乐软件"搜狗音乐盒"在线听歌的操作步骤。

Step 01　打开搜狗音乐盒主页,网址是:http://mbox.sogou.com,切换到"桌面音乐盒"页面,单击"立即下载"按钮,下载音乐盒,如图 11-71 所示。

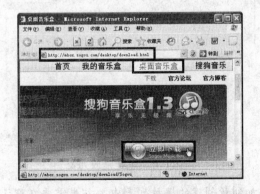

图 11-71　下载搜狗音乐盒

Step 02 下载完成后，将搜狗音乐盒安装到电脑中。双击桌面上的音乐盒图标启动音乐盒，然后单击右侧窗格中要收听的歌曲，该歌曲会自动添加到默认播放列表中，如图 11-72 所示。单击多首歌曲可依次将其添加到默认播放列表中。

Step 03 要将歌曲从播放列表中删除，可在选中歌曲后按【Delete】键，或单击"删除"按钮，在弹出的菜单中选择"移出播放列表"项，如图 11-72 所示。

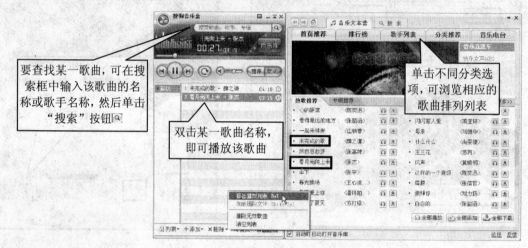

图 11-72　往播放列表中添加歌曲

Step 04 如果我们要新创建一个播放列表，可用鼠标右键单击窗口左侧的播放列表区域，从弹出的快捷菜单中选择"新建列表"项（参见图 11-73 左图），新建一个播放列表。

Step 05 输入播放列表名称，按【Enter】键确认，如图 11-73 右图所示。可用该方法新建多个播放列表，以分类收藏和播放自己喜爱的歌曲。

图 11-73　创建播放列表

Step 06 要将歌曲添加到新创建的播放列表中，首先需要在默认播放列表中选中要添加的歌曲，然后右击鼠标，在弹出的快捷菜单中选择"加入播放列表" > "播放列表名称"菜单，如图 11-74 所示。

Step 07 要将电脑中的歌曲添加到播放列表中，可单击"添加"按钮，在打开的菜单中选择"添加本地歌曲"或"添加本地文件夹"项（参见图 11-75），在打开的对话框中选择要添加的歌曲或文件夹，单击"打开"按钮即可。

图 11-74　往新创建的播放列表中添加歌曲

图 11-75　往播放列表中添加电脑中的歌曲

11.5.2　看电影

如果您喜欢在网上看电影的话，这里向您推荐一款不错的视频直播免费软件——PPLive，利用它可以免费收看体育、动漫、电影等各种类型的视频节目。

如果您还没有 PPLive 软件，可以利用前面介绍的方法下载该软件，并安装到电脑中。利用 PPLive 看电影的操作步骤如下。

Step 01 安装并启动 PPLive。在窗口右侧的"播放列表"窗格内展开需要播放的节目所在的节目列表，例如，单击"热门电影"，在展开的列表中单击"香港动作"，展开该节目分类中的节目清单。

Step 02 双击某一影片，或右击该影片，选择"播放"，可播放该影片，如图 11-76 所示。

综合实例——在网上开博客

博客又被称为 Blog，Blog 是 Web Log 的缩写，中文意思是"网络日志"。您只要在提供博客的网站注册申请一个博客空间，便可以在该空间随时记录和发布个人对生活的感悟和对时事的看法等，与 Internet 上的其他用户分享和交流。

目前提供博客空间的网站很多，比较著名的有博客网、搜狐网以及新浪网等。网上开博客的流程是：在网站注册申请一个博客空间>发表文章和管理自己的博客。下面以在博客网（www.bokee.com）开博为例，介绍怎样开设博客空间。

双击屏幕可全屏播
放电影，再次双击
可返回窗口模式

通过此编辑框可
查找电影或电视
节目

图 11-76　在线播放影片

Step 01　打开博客网，单击"30 秒钟快速注册"超级链接，如图 11-77 左图所示。

Step 02　输入注册信息（用户名、密码、提问和回答），并输入验证码，选择"我已仔细
阅读并同意接受博客网的用户使用协议"复选框，单击"确定"按钮，如图 11-77
右图所示。

图 11-77　输入会员信息

Step 03　系统弹出注册成功页面，如图 11-78 所示。

Step 04　回到博客网主页，输入用户名及密码，单击"登录"按钮，进入您的博客个人
空间。要在博客中发表文章，可依次单击"日志">"新建日志"项，如图 11-79
所示。

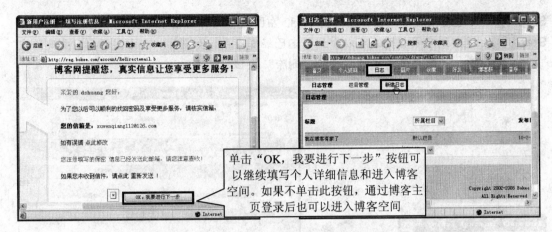

<table>
<tr><td>图 11-78 注册成功</td><td>图 11-79 打开日志页面</td></tr>
</table>

Step 05 在打开的页面中输入文章标题，然后单击"新增栏目"按钮，如图 11-80 左图所示。

Step 06 输入新增栏目名称，然后单击"添加"按钮，如图 11-80 右图所示。

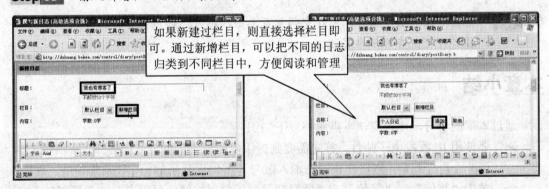

图 11-80 新增栏目

Step 07 撰写日志内容，然后向下拖动滑块，如图 11-81 左图所示。

Step 08 填写日志关键字，选择日志分类，然后单击"发布"按钮（在发布之前，我们可单击"预览"按钮预览最终效果），发表日志，如图 11-81 右图所示。

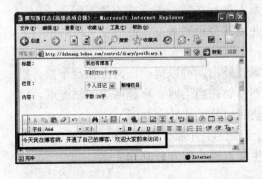

图 11-81 发表日志

- 233 -

Step 09 日志发布成功，在弹出的图 11-82 左图所示的对话框中单击"确定"按钮。

Step 10 返回到空间首页，可以看到日志已经发布了，如图 11-82 右图所示。要删除文章，只需要单击文章右侧的"删除"按钮⊠即可。

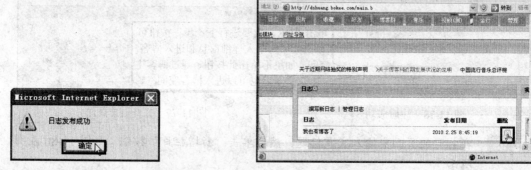

图 11-82　日志发布成功

Step 11 要在博客中上传照片，可在空间首页单击"图片"超级链接，接下来根据提示操作即可，在此不再赘述。

本章小结

通过本章的学习，读者应该重点掌握以下知识：

➤ 要使用 IE 收发电子邮件，首先需要到提供电邮服务的网站（如搜狐、新浪等）申请一个电子邮箱，然后在该网站输入账号和密码后登录邮箱。登录邮箱后，通常，单击"写信"、"发信"或"撰写邮件"等类似按钮，可以书写一封新邮件。单击"收信"或"收件箱"等类似按钮，可以收取邮件。

➤ 用户还可以利用 Outlook Express、Foxmail 等邮件客户端软件来收发电子邮件。使用这类软件收发电子邮件时，通常都需要先设置电子邮件账户。

➤ 要使用 QQ、MSN 聊天，需要先下载并安装 QQ、MSN 软件，然后申请一个账号并登录，之后便可以添加联系人并与联系人进行文字、语音或视频等聊天了。

➤ 要在聊天室聊天，通常需要先申请账号并用其登录聊天室，然后便可以对所有人发言，或单独与某人私聊。

➤ 如果用户的商务活动比较频繁或节假日需要外出，可以提前在网上预定车票、机票或酒店等；如果用户需要购买图书，则不妨在当当网、卓越网等网站逛逛，这些网站的书籍通常都有折扣，而且支持货到付款，比较有保障。

➤ 博客即网络日志，用户可以在博客网站注册账号，开通一个属于自己的博客空间，然后撰写日志、上传照片等。将自己的生活点滴与网友分享和交流。

思考与练习

一、填空题

1. 电子邮件又称_____，是指通过_____传递的邮件。

2. 电子邮件地址的格式是：_____。其中_____是收件人的账号；_____是电子邮件服务器名；_____是一个功能分隔符号，用于连接前后两部分。

3. 要使用 QQ 聊天，首先需要_____，然后_____。

4. 博客又被称为 Blog，Blog 是_____的缩写，中文意思是_____。

二、选择题

1. 下面关于电子邮件说法错误的是（　）
   A. 利用电子邮件可以发送电脑中的文件
   B. 要收发电子邮件需先申请一个电子邮箱
   C. 一封电子邮件只能发送给一个收件人
   D. 在一封电子邮件中可以同时附带多个文件

2. 下列邮件接收服务器地址正确的是（　）
   A. pop.sina.com
   B. pop.com.sina
   C. smtp.sina.com
   D. smtp.com.sina

3. 下面关于 Outlook 说法错误的是（　）
   A. 单击"发送/接收"按钮可从服务器取回邮件
   B. 要使用 Outlook 收发电子邮件，需先设置电子邮件账户
   C. 使用 Outlook 无法为电子邮件添加附件
   D. 利用 Outlook 可以添加多个联系人

4. 下面关于 QQ 说法错误的是（　）
   A. 可以利用 QQ 进行视频聊天
   B. 可以利用 QQ 进行语音聊天
   C. 可以利用 QQ 玩游戏
   D. 只能打开一个聊天窗口

三、操作题

1. 申请一个免费的电子邮箱并发送一封电子邮件。

2. 用 QQ 传送电脑中的文件。

3. 用搜狗音乐盒在线听歌。

第12章
维护、重装和备份 Windows XP

章前导读

　　电脑用久了难免会出现问题，如运行速度变慢、无法启动某些应用程序、无法打开某些文件、无法启动系统、莫名其妙地重启系统等。在本章中，我们将向读者介绍一些电脑日常维护知识，让用户的电脑能稳定、高效地运行。

12.1　使用系统提供的维护工具

　　Windows XP 自带了几个好用的系统维护工具，如磁盘清理与修复工具，系统还原工具等。

12.1.1　磁盘清理

　　如果在运行 Windows XP 时任务栏提示区出现"×××磁盘空间低"的提示，说明该磁盘基本上已无存储空间。对于系统盘（通常是 C 盘）之外的磁盘，可以手工删除不需要的文件以释放存储空间。但对于系统盘，里面的许多文件是不能删除的，否则可能会导致系统出现问题，这时可利用"磁盘清理"工具释放系统盘空间，具体操作如下。

Step 01　打开"开始"菜单，选择"所有程序"＞"附件"＞"系统工具"＞"磁盘清理"菜单，打开"选择驱动器"对话框，在"驱动器"下拉列表中选择需要清理的磁盘驱动器，单击"确定"按钮，如图 12-1 所示。

Step 02　系统首先对磁盘进行检查，统计可以释放多少空间，统计结束后，显示图 12-2 左图所示的对话框，在"要删除的文件"列表框中选择需要清理的文件夹，然后单击"确定"按钮开始清理。

Step 03　当磁盘空间严重不足时，可以在磁盘清理对话框中切换到"其他选项"选项卡，以便清理出更多的磁盘空间，如图 12-2 右图所示。

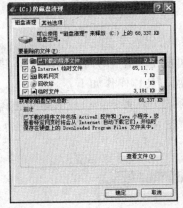

图 12-1　选择希望清理的磁盘驱动器　　　　图 12-2　清理磁盘中的垃圾文件

12.1.2　磁盘碎片整理

利用"磁盘碎片整理程序"，可以对硬盘上分散存储的文件进行整理，从而使文件在硬盘中各安其位，以提高数据访问速度。使用"磁盘碎片整理程序"整理磁盘碎片的具体操作如下。

Step 01　打开"开始"菜单，选择"所有程序" > "附件" > "系统工具" > "磁盘碎片整理程序"菜单，打开"磁盘碎片整理程序"窗口。

Step 02　选择需要整理的磁盘分区，单击"碎片整理"按钮，如图 12-3 左图所示。系统首先分析磁盘，接着开始整理磁盘，并以图像形式显示碎片整理情况，如图 12-3 右图所示。

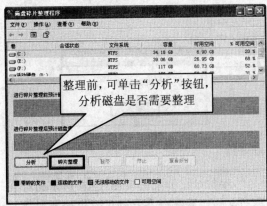

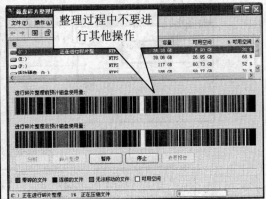

图 12-3　整理磁盘碎片

Step 03 磁盘碎片整理会花费很长的时间。整理完后，在弹出的对话框中单击"关闭"按钮，完成指定磁盘的磁盘碎片整理工作。此时可继续整理其他磁盘。

12.1.3 磁盘扫描

　　在管理硬盘中的文件时，如果出现某些文件无法删除、复制、剪切，或明明是正常的文件，却无法打开等情况，则可能是硬盘出现了逻辑坏道等错误。这时可利用"磁盘扫描"工具扫描并修复出现问题的磁盘，具体操作如下。

Step 01 鼠标右击要扫描的磁盘，在弹出的快捷菜单中选择"属性"，打开磁盘属性对话框，切换到"工具"选项卡，单击"查错"栏中的"开始检查"按钮，如图 12-4 所示。

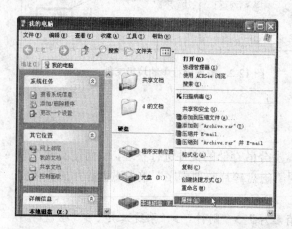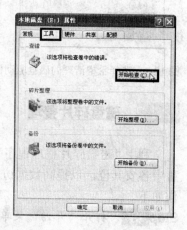

图 12-4　检查本地磁盘 E

Step 02 在打开的对话框中勾选"自动修复文件系统错误"和"扫描并试图修复坏扇区"复选框，然后单击"开始"按钮，开始检查磁盘，如图 12-5 左图所示。

Step 03 磁盘检查完后，在打开的对话框中单击"确定"按钮，如图 12-5 右图所示。

图 12-5　扫描磁盘

　　单击图 12-5 左图所示的"开始"按钮后，如果出现图 12-6 所示的对话框，则单击"是"按钮，重新启动电脑，系统会在启动过程中检查所选磁盘。

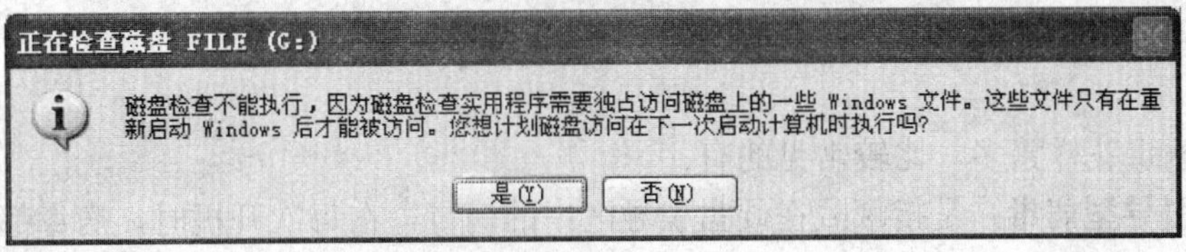

正在检查磁盘 FILE (G:)

🛈　磁盘检查不能执行，因为磁盘检查实用程序需要独占访问磁盘上的一些 Windows 文件。这些文件只有在重
　　新启动 Windows 后才能被访问。您想计划磁盘访问在下一次启动计算机时执行吗？

是(Y)　　否(N)

图 12-6　重启电脑检查磁盘

12.1.4　妙用 Windows XP 的安全模式

安全模式是指在不加载第三方设备驱动程序的情况下，使电脑运行的最小系统环境。当电脑无法正常运行或启动时，可以用安全模式启动电脑并对系统进行修复。进入安全模式的操作如下。

Step 01　若电脑无法正常运行，可在启动电脑，屏幕有提示时按【F8】键，当出现启动选择菜单时，用方向键选择"最后一次正确的配置"选项，然后按【Enter】键启动电脑，如图 12-7 所示，看看能否解决问题。

知识库　　Windows 的"最后一次正确配置"主要用来在启动电脑时还原特定的注册表项。

Step 02　新安装的应用程序（例如同时安装两个杀毒软件）或驱动程序可能是导致系统出现问题的原因。为此，可在图 12-7 所示的界面中选择"安全模式"选项，按【Enter】键。等待一会，看看能否进入安全模式。

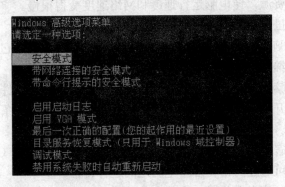

图 12-7　使用最后一次正确配置

Step 03　进入安全模式后，将近期安装的应用程序或驱动程序卸载，然后重新启动电脑，看看能否解决问题。

12.2　病毒的预防和排除

电脑病毒实际上是一种特殊的程序或普通程序中的一段特殊代码，它的功能是破坏电脑的正常运行或窃取用户电脑上的隐私等。

12.2.1 电脑病毒类型、特点与危害

电脑病毒花样繁多，比较常见的有：

➢ **引导型病毒**：是指藏匿在硬盘引导区中的病毒，在每次开机时，病毒都比操作系统快一步运行，这样它就可以获得对整台电脑的最大控制权，拥有更大的传播能力和破坏能力。

➢ **文件型病毒**：这是最常见的电脑病毒类型，它会躲在正常的文件中，当用户使用这些文件时，电脑病毒就会自动运行。

➢ **复合型病毒**：复合型病毒兼具有引导型病毒和文件型病毒的特点，它既可以感染正常文件，也可以感染硬盘引导区。这种病毒一旦发作，造成的破坏相当大。

➢ **隐匿型病毒**：这种病毒在感染文件之后，会自动将文件恢复成外表看起来与原文件一模一样，但事实上它会一直悄悄地不断运行，直到系统崩溃。

➢ **多变复制型病毒**：这种病毒能够复制自己，这是很多病毒都可以做到的，但它的可怕在于每次复制后都会生成不同的病毒代码，使得每个中毒的文件所含的病毒代码各不相同，这对于扫描固定病毒代码的杀毒软件来说无疑是一个严峻的考验。

➢ **宏病毒**：宏病毒主要是利用软件本身所提供的宏能力来生成病毒，所以凡是具有写宏能力的软件都有感染宏病毒的可能，如 Word、Excel 等。

➢ **蠕虫病毒**：是指某些恶性程序代码会像蠕虫般在网络中爬行，从一台计算机爬到另外一台计算机，这种病毒很多并不具有直接的破坏性，只是会耗费大量的系统资源和网络资源，使电脑运行速度和网络速度变得很慢。

电脑病毒的种类虽然很多，但它们还是有很多共性的：

➢ **潜伏性**：电脑系统被感染上病毒后，病毒并不马上发作，它可以在几周或几个月之内潜伏，继续进行传播而不会被发现。

➢ **激发性**：电脑病毒并不是什么时候都发作，只有当外界条件满足病毒发作的条件时，病毒才开始破坏活动。例如，"愚人节"病毒的发作条件是愚人节，即每年的 4 月 1 日。

➢ **传播性**：在病毒可迅速地在各个电脑之间通过 U 盘、硬盘（甚至光盘与硬盘）进行传播；还可通过网络在各个电脑之间进行传播。

➢ **破坏性**：电脑病毒发作时，会使电脑系统的运行出现各种问题。

电脑病毒主要有以下两方面的危害。

➢ **针对电脑的危害**：会导致用户电脑运行不稳定，破坏正常的文件，让系统速度变慢，自动打开恶意网页等，严重的可能让系统无法启动，甚至破坏电脑硬件，如硬盘分区表、BIOS 数据等。

➢ **盗取用户个人隐私**：例如通过 Internet 盗取 QQ 账号和密码、游戏账号和密码等，病毒传播者还可通过 Internet 控制用户电脑，包括删除、提取用户电脑上的文件，监控用户在电脑上的所有操作等。

12.2.2　如何预防电脑病毒

对于上网的电脑，可从下面几个方面预防病毒入侵。

1. 安装系统补丁

病毒之所以入侵电脑，大多数是因为操作系统的漏洞造成的。微软会不定期的发布补丁来弥补这些漏洞，用户可通过开启操作系统的更新功能，让操作系统自动下载这些补丁，方法是在"控制面板"窗口中双击"系统"图标，打开"系统属性"对话框，然后单击切换到"自动更新"选项卡，如图 12-8 左图所示

用户可只安装安全补丁而不安装 Windows XP 的正版验证程序。方法是选择"下载更新，但由我来决定什么时候安装"单选钮，单击"确定"按钮，如图 12-8 左图所示，这样当有新的补丁出现时，补丁会自动下载，并在任务栏通知区显示 图标

补丁下载完毕后，单击 图标，在弹出的对话框中选择"自定义安装"单选钮，单击"下一步"按钮，在打开的对话框中选择名称中含有"安全更新"或"更新程序"字样的补丁，单击"安装"按钮进行安装。不要安装带有"Windows Genuine Advantage"或"WGA"字样的补丁，如图 12-8 右图所示

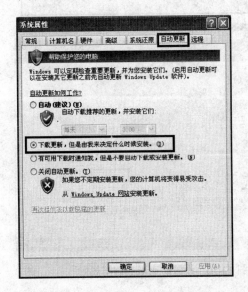
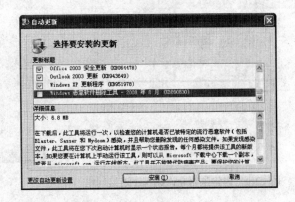

图 12-8　自动下载补丁并设置安装方式

　目前，大部分防病毒软件和网络防火墙都带有修补操作系统漏洞的功能，如瑞星杀毒软件、360 安全卫士等，用户可在安装这些软件后，利用它们扫描并修复系统漏洞。

2. 安装杀毒软件和网络防火墙

对于经常上网的电脑，安装一个正版杀毒软件（使用它提供的病毒防火墙）和个人网

络防火墙是很必要的，它们能抵御许多病毒的攻击和入侵。

杀毒软件种类非常多，国内的有瑞星、KV3000、金山毒霸、360杀毒软件等，使用瑞星的用户最多；国外的有诺顿、卡巴斯基等，使用卡巴斯基的用户最多。值得注意的是，用户不能在同一台电脑中安装两种类型的杀毒软件，否则会导致电脑运行出现故障。

3. 安装网络防火墙

网络防火墙能阻挡网络病毒的传播，以及防御黑客的攻击。常用的个人网络防火墙有天网防火墙、瑞星防火墙和360安全卫士等。

安装好网络防火墙后，如果某一应用程序要访问Internet，系统会弹出图12-9所示的对话框，询问是否允许该程序连接网络，用户可根据对话框中的提示选择处理方式，例如要允许该程序随时访问网络，则选择"总是允许"单选钮，然后单击"确定"按钮。

> 如果不小心阻止了某个需要连接网络的正常程序，可通过更改防火墙的访问规则来放行该程序。例如，如果是使用瑞星防火墙，可在其操作界面中单击"访问控制"标签，然后双击需要更改访问规则的程序，从弹出的对话框的"常规模式"下拉列表框中选择"放行"选项，如图12-10所示，然后单击"确定"按钮即可。

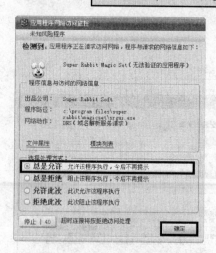

图12-9　询问是否允许某程序连接网络

图12-10　设置防火墙的访问规则

4. 良好的上网习惯

做好上面几件事后，便可以阻挡绝大多数病毒的入侵。但这还不能保证万无一失，平常还需要养成良好的上网习惯。

➢ 不要打开来历不明的邮件附件，因为附件中可能包含病毒。

➢ 使用QQ、MSN等软件聊天时，不要接受陌生人发来的任何文件，因为文件中可能包含病毒；也不要轻易单击对方从聊天窗口发过来的网页链接信息，因为这些网页可能包含病毒代码。

- 不要访问一些低级粗俗的网站，这些网站的网页中大多都包含恶意代码，访问它时，病毒会通过网页种植在用户的电脑中。
- 不要下载一些来历不明的软件并安装。许多下载网站并不正规，它们提供的软件便可能包含病毒。我们可以到一些大型的软件下载网站下载软件，例如华军软件园（www.newhua.com）、驱动之家（www.mydrivers.com）等。
- 不要下载来历不明的文件，因为文件中可能包含病毒。

12.2.3　如何排除电脑病毒

当电脑感染上病毒后，最方便的清除方法是利用杀毒软件查杀病毒。下面介绍使用瑞星杀毒软件查杀病毒的方法。

Step 01 启动瑞星杀毒软件后，切换到"杀毒"选项卡，设置好要查杀的目标和发现病毒后的处理方式，单击"开始查杀"按钮，如图 12-11 所示。

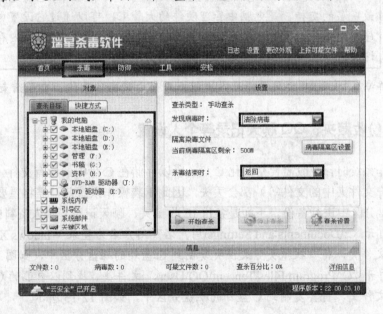

图 12-11　查杀病毒

Step 02 程序开始扫描电脑并查杀病毒，当发现病毒时，会提示用户病毒情况，以及是否已清除。

Step 03 查杀完毕后，会出现一个对话框提示用户查杀情况，单击"确定"按钮关闭对话框即可。

温馨提示

多数情况下，使用杀毒软件并不能将电脑病毒清除干净，因为杀毒软件有时也会被病毒感染。所以在查杀病毒后，如果电脑运行依然不稳定，可重装操作系统，然后再利用杀毒软件杀毒，这是清除病毒的最彻底办法。

12.3 重装 Windows XP

当遇到下述情况之一时，可通过重新安装操作系统来解决问题。

➤ 电脑运行速度、关机速度、启动速度越来越慢。

➤ 电脑运行很不稳定，发生无故重启、提示某文件丢失，或无故弹出网页等故障。

➤ 运行某些软件时总提示错误，重新安装软件也无法解决问题。

➤ 启动电脑时无法进入操作系统，提示某文件遭到破坏或丢失。

➤ 病毒太多，用杀毒软件无法清除干净。

安装操作系统的流程如下。

Step 01 购买一张操作系统安装盘，目前个人电脑上最常用的操作系统是 Windows XP。

Step 02 在 BIOS 中将电脑设置为光驱启动。

> BIOS 是固化在电脑主板 BIOS 芯片中的一段程序，它对电脑硬件提供最底层的支持，是电脑中管理硬件的大管家，可以通过它设置电脑启动顺序（是从光盘、硬盘还是软盘等来启动电脑）；设置 CPU、内存等硬件的速度；设置是否禁用或启用某些电脑硬件等。

Step 03 将 Windows XP 安装光盘放入光驱，开始安装操作系统，直至结束。

12.3.1 备份收藏夹、QQ 聊天记录等个人设置

重装操作系统时，一般需要格式化 C 盘，所以存储在 C 盘中的所有文件（包括桌面上的文件、用户文件夹中的文件等）都会丢失，因此重装操作系统前，需将重要文件复制到 C 盘外的磁盘分区中进行备份。下面是备份 IE 收藏夹、聊天记录等个人资料的方法。

Step 01 打开"C:\Documents and Settings\用户名"（用户名为登录 Windows XP 的账户名）文件夹，将"收藏夹"文件夹复制到 C 盘外的磁盘分区中，如图 12-12 所示。

Step 02 打开"C:\Program Files\Tencent\QQ\Users"文件夹，找到以自己的 QQ 号命名的文件夹，将其复制到 C 盘外的磁盘分区中，如图 12-13 所示。

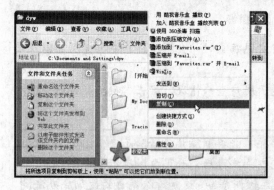

图 12-12 备份 IE 收藏夹

图 12-13 备份 QQ 聊天记录

> 重装操作系统后，将备份的"收藏夹"文件夹重新复制到"C:\Documents and Settings\用户名"文件夹中，替换已有的文件夹即可。
>
> 安装上 QQ 软件后，先登录一下自己的 QQ 号(一定要登录)，然后将先前备份下来的文件夹复制到 "C:\Program Files\Tencent\QQ\Users" 文件夹中，替换已有的文件夹即可。

12.3.2 将电脑设置为光驱启动

在 BIOS 中将电脑设置为光驱启动的操作如下。

Step 01 启动电脑时连按【Del】键，进入 BIOS 设置程序。

Step 02 利用方向键移动光标，使其停留在"Advanced BIOS Features"上，然后按【Enter】键进入设置子菜单，如图 12-14 左图所示。

Step 03 利用上下方向键移动光标，使其停留在"First Boot Device"(第一启动设备)或相似选项上，然后按【Page Up】或【Page Down】键，将该项设置为"CDROM"或相似选项，从而设置第一启动设备为光驱，如图 12-14 右图所示。

Step 04 利用方向键移动光标，使其停留在"Second Boot Device"(第二启动设备)上，将该选项设置为"HDD-0"或相似选项，从而设置第二启动设备为硬盘，如图 12-14 右图所示。

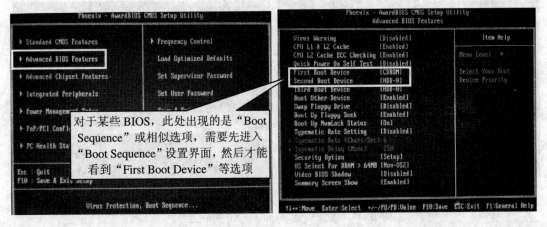

图 12-14 设置第一、第二启动设备

Step 05 按【F10】键，在出现的画面中输入"Y"，按【Enter】键保存并退出 BIOS 设置，如图 12-15 所示。

> 还有一类电脑的设置方法为：在进入 BIOS 设置程序后，按左右方向键，将光标移动到"Boot"菜单，然后用上下方向键选择"Boot Device Priority"项，按【Enter】键打开启动项设置画面进行设置，如图 12-16 所示。

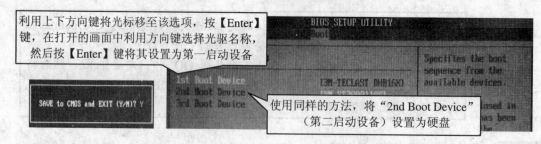

利用上下方向键将光标移至该选项，按【Enter】键，在打开的画面中利用方向键选择光驱名称，然后按【Enter】键将其设置为第一启动设备

使用同样的方法，将"2nd Boot Device"（第二启动设备）设置为硬盘

图 12-15　保存并退出 BIOS 设置　　　　图 12-16　将电脑设置为光驱启动

12.3.3　安装 Windows XP

设置好从光驱启动后，便可从光盘安装 Windows XP，具体操作如下。

Step 01 将 Windows XP 安装盘放入光驱，重启电脑，当屏幕下方出现 "Press any key to boot from CD…" 字样时快速按任意键。

Step 02 等待一会，就会进入 Windows XP 安装画面。按【Enter】键开始安装 Windows XP，如图 12-17 左图所示。

Step 03 等待一会，出现阅读许可协议的画面，按【F8】键同意该协议；也有可能在检查完硬件后，直接出现图 12-17 右图所示的选择安装分区画面。

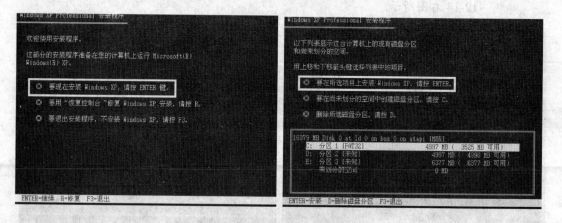

图 12-17　选择安装 Windows XP 的磁盘分区

Step 04 选择要将 Windows XP 安装到的磁盘分区，一般我们会选择安装在 C 盘，按上下方向键将光标移动到 C 分区上，按【Enter】键。

Step 05 在打开的画面中选择是否格式化 C 盘，以及格式化成何种文件系统，一般选择 NTFS 文件系统。将光标移至"用 NTFS 文件系统格式化磁盘分区"选项，然后按【Enter】键，如图 12-18 所示。

Step 06 在打开的画面中系统会给出警告，提示如果进行格式化，磁盘上的数据将完全丢失。按【F】键进行确认，如图 12-19 所示。

温馨提示

　　　　重装操作系统时必须将 C 分区格式化，以避免原来的病毒等文件留下来。如果在步骤 3 中没有出现选择分区的画面，需按【Esc】键返回该画面。如果在步骤 5 中没有出现格式化分区的提示，需按【F3】键重新安装系统，在出现选择磁盘分区画面时选择 C 分区，然后按【D】键并根据提示将其删除，之后根据提示按【C】键，在未分配磁盘空间上创建分区，并将系统安装在新建的磁盘分区上。

图 12-18　格式化分区

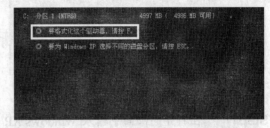

图 12-19　按【F】键进行确认

Step 07　Windows XP 安装程序开始对分区进行格式化，期间会有滚动条提示格式化的进度，如图 12-20 所示。格式化完成后开始复制文件，同样会显示进度条。

Step 08　复制文件后，安装程序开始初始化 Windows 配置，然后系统会自动在 15 秒后重新启动。重新启动后将自动进行安装，如图 12-21 所示。

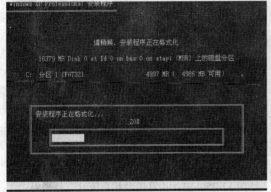

图 12-20　正在格式化磁盘分区

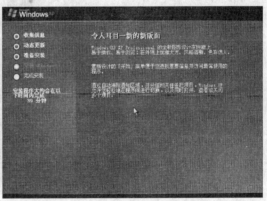

图 12-21　重新启动后将自动进行安装

Step 09　等待一段时间后，在打开的画面中系统要求设置区域和语言选项。保持默认设置，单击"下一步"按钮，如图 12-22 所示。注意，对于一些具有全自动安装功能的操作系统光盘，本步至下面第 15 步（或第 20 步）由系统自动完成，不会出现设置画面。

Step 10　在打开的画面中输入姓名和单位名称，然后单击"下一步"按钮，如图 12-23所示。

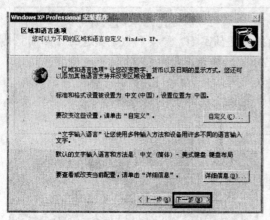

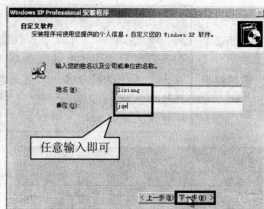

任意输入即可

图 12-22 设置区域和语言选项   图 12-23 输入姓名和单位名称

Step 11 在打开的画面中输入 Windows XP 的安装序列号（可以在包装盒上找到），然后单击"下一步"按钮，如图 12-24 所示。

Step 12 在打开的画面中输入计算机名，如果要设置管理员密码（设置后，启动电脑时需要输入该密码才能登录 Windows XP），可输入两次系统管理员密码，并记住这个密码，然后单击"下一步"按钮，如图 12-25 所示。

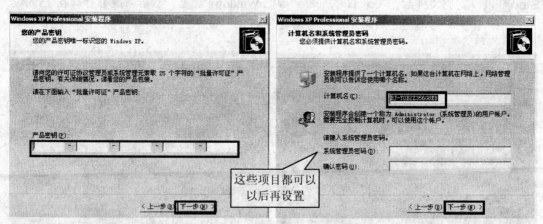

这些项目都可以以后再设置

图 12-24 输入 Windows XP 的安装序列号   图 12-25 输入计算机名和系统管理员密码

温馨提示

在图 12-25 所示对话框中输入的计算机名是计算机在本地网中的名称（其不能与网络中的其他计算机名相同），不是用户账户名。

Step 13 在打开的图 12-26 所示的画面中单击"下一步"按钮，然后继续自动安装，如图 12-27 所示。

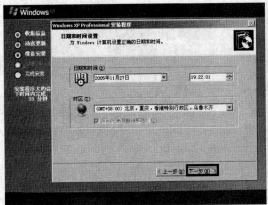

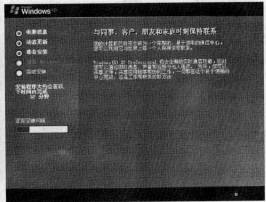

图 12-26 设置日期、时间和时区　　　　　图 12-27 继续安装

Step 14 等待一段时间后，在打开的画面中要求进行网络设置，选择"典型设置"单选钮，然后单击"下一步"按钮，如图 12-28 所示。

Step 15 在打开的画面中选择工作组或计算机域，一般情况下保持默认设置即可，故可以单击"下一步"按钮，如图 12-29 所示。

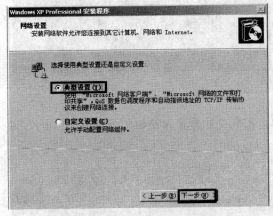

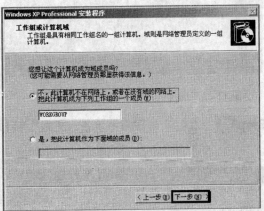

图 12-28 进行网络设置　　　　　图 12-29 选择工作组或计算机域

Step 16 安装程序会继续自动完成 Windows XP 的安装；安装完成后电脑会自动重新启动，等待一段时间后，进入欢迎画面，单击"下一步"按钮，如图 12-30 所示。

Step 17 在打开的画面中选择 Internet 的连接方式，本例单击"跳过"按钮跳过设置，如图 12-31 所示。

Step 18 在打开的画面中设置是否现在就注册 Windows。本例选择"否，现在不注册"单选钮，然后单击"下一步"按钮，如图 12-32 所示。

Step 19 在打开的画面中输入使用这台电脑的用户名，然后单击"下一步"按钮，如图 12-33 所示。

图 12-30 进入欢迎画面

图 12-31 单击"跳过"按钮

图 12-32 选择"否，现在不注册"单选钮

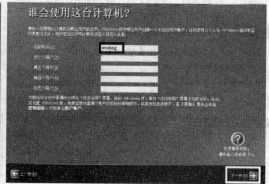

图 12-33 输入用户名

Step 20 在打开的画面中单击"完成"按钮，完成安装并进入 Windows XP，如图 12-34 所示。

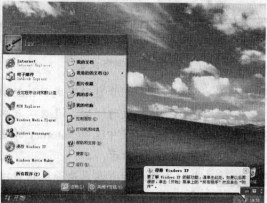

图 12-34 完成安装并进入 Windows XP

12.3.4 安装驱动程序

默认情况下，操作系统会自动为大多数硬件安装驱动，但对于主板、显卡等设备，最好为其安装厂商提供的驱动，这样才能最大限度地发挥硬件性能；此外，当操作系统没有自带某硬件（如某些显卡、声卡，以及打印机、扫描仪、摄像头等）的驱动时，也需要我们手动安装这些硬件的驱动程序。

下面以安装主板驱动程序为例，介绍硬件驱动程序的安装方法。

Step 01 将主板的驱动光盘放入光驱，它会自动运行，打开安装驱动程序主界面，如图 12-35 所示。首先单击芯片组选项安装主板芯片组驱动程序。

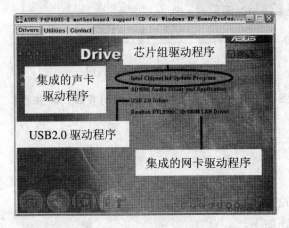

对于没有驱动程序安装光盘的硬件，可利用网络或其他渠道找到其驱动程序，然后双击以 Setup 或相似名称命名的文件，启动安装程序进行安装。

图 12-35　安装主板驱动程序

Step 02 在打开的对话框中单击"下一步"按钮，如图 12-36 所示。

Step 03 在打开的画面中阅读许可协议，并单击"是"按钮，如图 12-37 所示。

图 12-36　单击"下一步"按钮

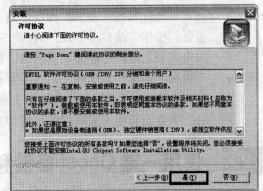

图 12-37　阅读许可协议并单击"是"按钮

Step 04 在打开的画面中阅读自述文件信息，单击"下一步"按钮，开始安装，如图 12-38 所示。

Step 05 在打开的画面中单击"完成"按钮，结束安装并重启电脑，如图 12-39 所示。

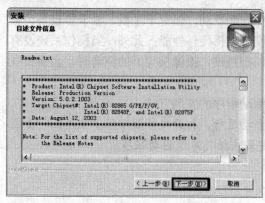 

图 12-38 单击"下一步"按钮　　　　　　图 12-39 单击"完成"按钮

Step 06 对于主板上集成的声卡、网卡、显卡等驱动，可参考前面介绍的步骤，单击图 12-35 所示画面中的选项继续安装这些设备的驱动程序。

12.3.5 设置系统

安装上驱动后，接下来要做的工作，是设置一下 Windows XP 的桌面和安装相关应用程序。通常，要设置的项目和安装的应用程序如下。

➢ 将"我的电脑"、"网上邻居"、"我的文档"放在桌面上，操作方法参考 1.4 节内容。这主要是为了使用方便。

➢ 设置显示器显示属性和刷新频率。这主要是为了使显示效果更好地满足要求，以及使显示器不伤害眼睛，操作方法参考 3.2.4 节内容。

➢ 设置桌面背景和屏幕保护程序，这主要是为了使屏幕有个性，以及保护显示器的需要。操作方法参考 3.2.2 节以及 3.2.3 节内容。

➢ 如果需要上网，还需要设置网络。操作方法参考第 9 章内容。

➢ 下载和安装操作系统补丁，这主要是预防病毒的需要。

➢ 安装杀毒软件和网络防火墙，并升级到最新病毒库，然后将电脑全面地杀一次毒。

➢ 根据需要安装相关应用程序，操作方法参考第 6 章内容。

12.4 使用一键 Ghost 备份和恢复 Windows XP

"一键 GHOST"是一款可以备份和恢复系统的工具软件，它能将某个硬盘分区或整块硬盘制作成映像文件备份下来，在需要的时候再恢复回去，下面介绍它的使用方法。

Step 01 从华军软件园下载"一键 GHOST 8.3 Build 061001 硬盘版"，然后将其安装到电脑中。

Step 02　打开"开始"菜单，选择"所有程序">"一键 GHOST">"一键 GHOST"菜单，运行一键 GHOST，在弹出的对话框中选择"一键备份 C 盘"单选钮，单击"备份"按钮，则电脑会自动重新启动并备份系统，期间无需任何操作，备份成功后会自动登录系统，如图 12-40 所示。

Step 03　如果我们用"一键 GHOST"为系统做过备份，那么在系统出现不稳定的情况，例如系统运行速度变慢，总是弹出错误提示对话框或网页等时，便可以用"一键 GHOST"恢复系统。方法是：启动"一键 GHOST"，在打开的对话框中选择"一键恢复 C 盘"单选钮，单击"恢复"按钮，则电脑会自动重新启动并恢复系统，期间无需任何操作，如图 12-41 所示。

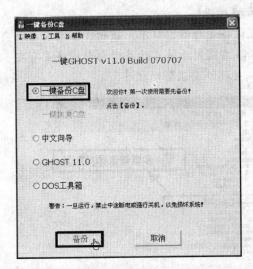

图 12-40　备份系统　　　　　　　　　　　　　图 12-41　恢复系统

Step 04　如果系统无法启动并且我们已用"一键 GHOST"为系统做了备份时，可以在 DOS 环境下用"一键 GHOST"恢复系统。方法是：启动电脑，在出现图 12-42 左图所示的画面时，用方向键选择"一键 GHOST"选项，然后按【Enter】键。

Step 05　在出现图 12-42 右图所示的画面时，用方向键选择"一键恢复 C 盘"选项，然后按【Enter】键，则"一键 GHOST"会自动恢复系统。

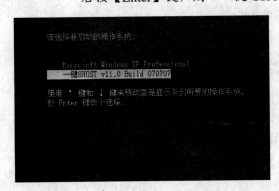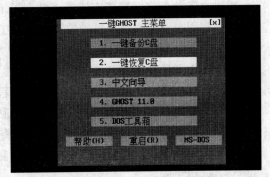

图 12-42　在 DOS 环境下恢复系统

![butterfly icon] **综合实例——查看、卸载和重装驱动程序**

用户可通过"设备管理器"查看各硬件驱动是否安装好，或卸载某硬件的驱动程序，具体操作如下。

Step 01 在"控制面板"窗口中双击"系统"图标，打开"系统属性"对话框。

Step 02 切换到"硬件"选项卡，单击"设备管理器"按钮，打开设备管理器窗口，该窗口用来查看和管理电脑中的所有硬件及驱动。例如，图 12-43 左图方框框住的选项便是安装好的声卡、网卡和显卡驱动程序。

Step 03 如果某硬件的驱动程序没有安装好，在设备管理器窗口中，该硬件驱动前面会出现问号或感叹号标志，例如，图 12-43 右图所示便表示声卡驱动程序没有安装好，这时可参考前面介绍的方法为相关硬件安装驱动程序。

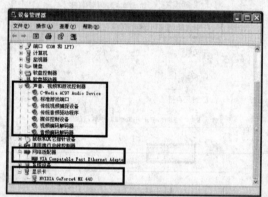 

图 12-43 查看硬件驱动是否安装正常

Step 04 要卸载某硬件的驱动，只需右击驱动，从弹出的快捷菜单中选择"卸载"即可。

本章小结

通过本章的学习，读者应该重点掌握以下知识：

➢ 利用 Windows XP 自带的系统维护工具，可以清理磁盘垃圾、整理磁盘碎片、扫描和修复磁盘等，这些工具均位于"开始">"所有程序">"附件">"系统工具"子菜单中。

➢ 电脑病毒是一种特殊的程序或普通程序中的一段特殊代码，它的功能是破坏电脑的正常运行或窃取用户电脑上的隐私等。

➢ 重装系统时，首先需要在 BIOS 中将电脑设置为从光驱启动，然后将安装光盘放入光驱并重启电脑。安装过程中需要将系统盘格式化，其他大部分操作均由系统自动完成。

> 安装系统后，通常还需要为部分硬件安装驱动程序。驱动程序的安装方法主要有两种，一种是通过驱动光盘来安装，一种是从网上下载驱动安装文件安装。
> 要查看、卸载和重装电脑中的驱动程序，可以打开"设备管理器"窗口，如果某硬件的驱动前面出现问号或感叹号，说明此驱动没有安装好，需要重新安装。

思考与练习

一、填空题

1. 利用_____工具，可以清理磁盘中的垃圾文件。
2. 利用_____工具，可以扫描并修复出现逻辑坏道的硬盘分区。
3. 电脑病毒实际上是一种_____或_____。
4. 预防电脑病毒，可以从_____、_____、_____和_____4 个方面入手。
5. 使用光盘安装 Windows XP 时，首先要在_____中将电脑设置为光驱启动。

二、选择题

1. 下面工具中不属于 Windows XP 自带维护工具的是（　）
   A. 磁盘清理工具　　　　　　　B. 磁盘碎片整理工具
   C. 磁盘扫描工具　　　　　　　D. Ghost 备份工具
2. 下列选项中不属于电脑病毒特性的是（　）
   A. 潜伏性　　　　　　　　　　B. 引导性
   C. 破坏性　　　　　　　　　　D. 传播性
3. 下面关于预防电脑病毒说法错误的是（　）
   A. 安装系统补丁　　　　　　　B. 安装杀毒软件
   C. 用下载软件下载网络资源　　D. 安装网络防火墙
4. 对于大多数电脑来说，要进入 BIOS 设置程序需要在启动电脑时连按（　）
   A.【Enter】键　　　　　　　　B.【Del】键
   C.【Alt】键　　　　　　　　　D.【Shift】键
5. 要查看电脑中已安装的驱动程序需打开（　）
   A. 设备管理器　　　　　　　　B. "开始"菜单
   C. "系统属性"对话框　　　　　D. "系统设置"对话框

三、操作题

1. 清理磁盘 C 中的垃圾文件。
2. 扫描磁盘 D。
3. 备份收藏夹和 QQ 聊天记录。